前　言

伴随着人工智能、超级算法等新兴技术的快速发展和广泛应用，各类智能系统和智能化体系如雨后春笋般涌现。相应地，智能化体系设计也成为体系工程研究的热点问题。

本书阐述了一种基于 DoDAF 方法的智能化体系架构设计技术的理论、方法和应用，该技术通过在标准的 DoDAF 2.0 基础上，引入基于可变性的智能设计方法扩充原有视角设计，并扩展定义新的智能视角，以满足智能化体系架构设计的动态自适应设计需求。本书介绍了智能化体系架构设计框架、设计流程、设计技术和设计验证，详细阐述了智能化体系架构设计产品，并结合实际应用介绍了智能化体系架构设计工具与案例，为读者的实践工作提供指导。这些内容反映了作者团队在智能化体系设计技术领域的最新研究成果，是团队多年从事体系设计技术研究的结晶。

本书由肖刚、胡健伟、李元平等撰写。在撰写的过程中，得到了国内体系设计领域学者的大力支持，谨此对他们表示深切的感谢。

由于作者水平所限，书中不妥之处在所难免，恳请读者批评指正。

作　者

目　　录

第 1 章

体系与体系架构设计

1.1 体系和体系设计

1.1.1 体系

体系的基本含义是系统的系统，对应的英文词汇有 System of Systems（SoS）、Meta – Systems、Family of Systems（FoS）、Super – Systems 等，学术界最常用的是 System of Systems（SoS）。简单地说，体系就是由系统构成的更大的系统，是一类特殊的系统。

虽然体系这一术语在很多领域被广泛地使用，但并没有形成公认的概念和定义，典型的定义就不止几十种。

1964 年，在一篇讨论城市系统的论文中[1]出现了 "System within Systems" 这一术语，不严格地说，这可以被认为是体系概念的萌芽。

1991 年，Eisner 在研究多系统集成时正式提出了体系概念，并给出了体系的一些基本特征[2]。

（1）体系由独立的系统组成，每个系统都能自主运行。

（2）体系中的系统之间存在相互关联关系。

（3）体系中所有系统的运行使得体系可以完成更高层次的使命或任务。

（4）体系中每个系统的最优化并不能保证整个体系的最优化。

1996 年，Maier 提出了体系的以下 5 个主要特征[3]，用于区分体系和大规模的单一系统，这 5 个特征也成了学术界引用最多的体系核心特征。

（1）构成体系的系统的运行独立性。体系是由可以独立运行、具备独立用途的系统构成的。

（2）构成体系的系统的管理独立性。构成体系的系统各自独立采购、集成和维护，且不受体系的影响。

（3）体系的演化性。体系不会完全成型，其能力会随着体系的运行持续变化（增加、减少或调整）。

（4）体系的涌现性。体系所表现出的能力和执行的任务是构成体系的任何一个分系统都不具备的，这些行为是体系整体涌现的行为，无法归功于任何一个分系统。体系所承担的任务依靠这些涌现行为实现。

（5）体系的地理分布性。构成体系的系统"地理上广域分布"。需要注意的是，"地理上广域分布"是一个相对于通信能力来说的概念，核心是各个系统之间只有信息的交互，而没有能量和物质的交换。

之后，许多政府机构和标准化组织分别对体系给出了各自的官方定义，这些官方定义也是目前被引用最多的定义。例如：

美国国防部《系统工程指南》中将体系定义为由多个独立的、有用的系统形成的一个更大的、提供特定能力的系统。

美军《联合能力集成开发系统》（*Joint Capabilities Integration and Development System*，JCIDS）中将体系定义为相互依赖的系统的集成，这些系统通过相互关联提供一个既定的能力。

INCOSE 的《系统工程手册》将体系定义为其元素在管理上和/或运行上是独立系统的 SOI，这些成员系统的互操作和/或综合的集合通常产生单个系统无法单独达成的结果。

这些体系的不同定义和概念描述，从不同的背景和应用角度反映了体系的不同特征，各有侧重。系统工程的核心思想是"整体大于部分之和"。体系正是这一思想的典型体现。

总结各种关于体系的定义描述，我们认为体系主要具有以下 4 个特征，使其区别于一般的系统：

（1）成员独立。作为体系组成成员的系统是各自独立的。这种独立性不仅仅表现在成员系统各自独立运行，具有独立的功能和能力，而且表现为成员系统的建设和管理也是各自独立的。

（2）共同使命。虽然组成体系的各个成员系统是独立的，但它们会围绕一个共同的使命任务集合在一起，组成一个整体。各个成员系统按照共同使命目标，完成各自的任务，继而完成体系使命，并随着使命不断发展演化。

（3）关联协同。体系整体使命的达成，需要依靠体系成员之间的关联协同来实现。体系成员在时空上是分布的，它们的集成主要是通过信息交互，而非能量和物质的交换。

（4）能力涌现。当相互独立的成员系统围绕共同使命，通过关联协同集成为一个体系整体时，体系将涌现出全新的、各个成员系统都不具备的功能和能力，而且这种涌现行为是非线性的。

以制造体系为例，包括设计、生产、检验、销售各个环节，是一个典型的体系。首先，构成制造体系的生产系统、供应链系统、测试系统等实体单元都是独立的，它们都是分别建设和独立运转的，各自有其自己的操作人员和运行模式；其次，这些分系统被按照一种组织关系和运行模式集成在一起，共同完成生产制造；再次，这些系统之间在物理空间上是分布的，相互之间通过人工协调、指导文件、网络连接，依靠信息的传递和交互实现协同运行；最后，当这些分系统作为一个整体被集成到一起并联合运行时，就能形成贯穿设计、生产、销售的制造能力，而这种整体能力是任何单个系统都无法单独提供的。

1.1.2 体系设计

同体系的理解与认识一样，体系设计的概念也存在众多分歧，不同领域的学者和工程人员都有不同的理解和认识。下面是一些关于体系设计这一概念的典型定义。

（1）体系设计是确保体系在其组成单元独立自主运行条件下，仍能够提供满足体系功能与需求的能力[4]。

（2）体系设计是一个过程，它确定体系对能力的需求，把这些能力分配至一组松散耦合的系统，并协调各系统的研发、生产、维护以及其他生命周期活动[5]。

（3）体系设计确保面向使命的能力开发与演化，以满足在一段期限内多方面不断变化的需求。

（4）体系设计是指解决体系问题的方法、过程的统称。体系设计是国防技术领域的一个新概念，这一概念同时也被广泛应用于国家交管系统、医疗卫生、万维网以及空间探索领域。体系设计不仅仅局限于复杂系统的系统工程，由于体系所涵盖问题的广泛性，它还包括解决涉及多层次、多领域的宏观交叉问题的方法与过程[7]。

（5）体系设计是学科交叉、系统交互的过程，这种过程确保其能力的发展演化满足多用户在各阶段不断变化的需求，这些需求是单一系统所不能满足的，而且演化的周期可能超越单一系统的生命周期。体系设计提供体系的分析支持，包括系统交叉的某一时间段内在资源、性能和风险上的最佳平衡，以及体系的灵活性与健壮性分析[8]。

（6）体系设计源于系统，重在项目的规划与实施，追求不同系统网络集成的最优化，集成这些系统以满足某一项目（体系问题）的目标。体系设计方法与过程使决策者能够理解选择不同方案的结果，并提供给决策者关于体系问题有效的体系架构框架[9]。

（7）体系设计的目的是通过对多个自治的、交互的系统进行综合集成来满足某种需要的能力，这种能力也只能通过这种综合集成的途径进行获取[10]。

（8）体系设计是处理现有系统能力与新系统能力集成为体系能力的规划、分析、组织和集成等活动，是实现国防转型变革以及推行网络中心战的方法论[11]。

（9）体系设计是针对独立运行的系统进行集成体系的设计、开发和实施，以提供独立系统所不能实现的功能[12]。

综合上面的定义可以看出，体系设计是对体系开发所采用的设计方法、体系架构、管理方式进行的顶层规划。体系设计一般由清晰的标准引导，通过机制化的组织流程和具象的指南与工具加以整合，以帮助开发者高效且一致地创建大量的应用能力，并且动态地确保用户体验的一致性。

体系设计的基本过程是一种带反馈的串行过程，通常包括体系需求分析、体系方案设计和体系分析评估 3 个阶段依次执行（如图 1 - 1 所示）。体系分析评估的结果反馈回体系需求分析和/或体系方案设计，指导进行体系需求深化和方案优化，通过多轮反馈迭代，逐步完成体系的设计和优化过程。

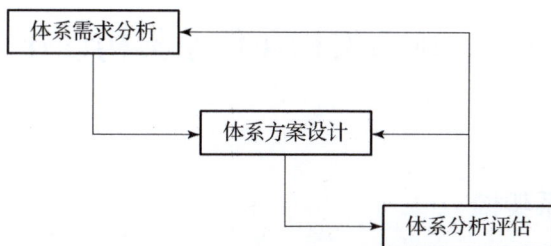

图 1 - 1　体系设计的基本过程

体系需求分析的输入是体系设计任务的描述和/或体系分析评估的结果，输出是目标体系的需求清单，包括体系问题理解、使命任务分析和能力需求分析 3 项工作。体系问题理解阐述体系的内外部环境、对体系的要求和约束等；使命任务分析确定体系面临的威胁、体系运行的想定和完成的使命任务；能力需求分析是体系需求分析阶段的主要工作，可以从业务需求分析、功能需求分析和非功能需求分析三方面展开，通过体系需求分析，将体系的使命任务落实到具体的、条目化的体系需求要求，并尽量定量化地描述需求指标。如何高效、准确地获取体系的需求，是体系需求工程研究的主要内容之一。

体系方案设计的输入是目标体系的需求清单和/或体系分析评估结果，输出是体系方案。一个体系方案一般包括体系要素、功能分配、组织结构、信息关系和业务流程等方面，全面描述　个体系实现的构成结构和运行机制。体系要素明确构成体系的各个组成系统；功能分配将体系的功能需求分配到各个组成系统；组织结构描述各个系统之间的组织指挥关系；信息关系描述各个系统之间的信息交互关系；业务流程阐述各个系统如何运作以完成体系的使命任务。

体系分析评估的输入是体系方案，通常采用定性与定量相结合的方法对体系方案的可行性、效能、成本和风险等进行分析评估，有时还会包括对体系稳定性、适应性和演化能力等特性的分析评估，分析评估的结果用于指导体系方案的优化和体系需求的深化。

广义的体系设计包括体系需求分析、体系方案设计和体系分析评估的全部内容；狭义的体系设计，仅仅指的是体系方案设计。但由于体系需求分析、体系方案设计和体系分析评估需完成的任务和所运用的技术差异很大，每个方面都是一个庞杂的技术领域，所以业界通常所说的体系设计，主要指的是狭义的体系设计。本书后续所述的体系设计指的是狭义的体系设计，核心是与设计、验证和优化体系方案相关的设计活动。

1.2　体系架构和体系架构设计

1.2.1　体系架构

体系设计的目的是形成体系实现的解决方案，是一种创建、设计和优化体系的实用手段。一个体系的解决方案必然涉及对体系方方面面的详细描述，牵涉大量的参数、特性和数据。例如，我们需要描述体系对外表现的功能和接口，构成体系的成员系统的特性、参数和相互关系等。当体系十分庞大、复杂时，体系设计所需要描述的信息和内容是十分庞杂和巨大的，仅仅把它们说清楚就已经是一件十分困难的事情。人类从长期应对复杂事务的实践经验中总结出一套将复杂事务分解、理解再集成的方法，就是将这些大量的信息进行结构化组织，这些不同类型和相互关联的"结构"集合可以理解为体系的整体结构，可以作为体系实现解决方案的规范化描述，称为体系架构。

体系架构的概念最早来源于建筑领域，在信息领域尤其是计算机领域首先得到推广，最后在系统工程领域被标准化为一整套理论和方法。面向不同的领域，可以有不同的体系架构，这些领域内的体系架构针对领域特征有不同的内涵和解释，但本质上都是用结构化方法对体系的规范性进行描述。例如：

（1）计算机体系架构。计算机体系架构是指软/硬件的系统结构。其有两个方面的含义：一是从程序设计者的角度所见的系统结构，它是研究计算机体系的概念性结构和功能特性，关系到软件设计的特性；二是从硬件设计者的角度所见的系统结构，实际上是计算机体系的组成或实现，主要着眼于性价比的合理性。

（2）网络体系架构。网络体系架构是计算机网络的各层及其协议的集合。例如，OSI 参考模型（Open System Interconnection Reference Model）的七层协议体系架构，TCP/IP（Transmission Control Protocol/Internet Protocol）体系架构。

（3）软件体系架构。软件体系架构是软件系统的一个或多个结构，它包括软件的组成元素、这些元素的外部可见特性以及这些元素间的相互作用。软件体系架构从计算机体系架构和网络体系架构演化得到，可从层次化角度进行分解，也可从不同视角进行分解。

IEEE Std 1471—2000 对体系架构给出了一般性的定义：体系架构是指体系

各组成部分的基本构成，各组成部分之间、组成部分与环境之间的关系，以及指导体系设计与演化的原则[13]。

由于体系架构作为一种结构化、规范化的设计形式，可以很好地描述各类体系的复杂设计方案，也是目前业界进行体系方案设计的主要方法，所以本书所述的是狭义的体系设计，其工作也就等价于体系架构设计。

1.2.2　体系架构设计

体系架构设计，就是采取逻辑关联以及协调一致的原则、概念和特性创建一个体系架构的解决方案的过程。体系架构设计的输入是系统的需求集合，包括体系的使命任务、功能要求、技术指标和运行维护要求等；输出是体系架构方案，包括对体系和体系要素的高层级结构的描述，以及体系实现的技术方案。ISO/IEC/IEEE 15288—2015 将体系架构设计定义为选择出框定利益攸关者关注点且满足系统需求的一个或多个备选方案，并以一系列一致的视角对备选方案进行表达。

当前主流的体系架构设计基本上都是基于还原论的方式开展设计，首先自顶向下、逐步求精，然后自底向上、逐层综合。例如，体系架构设计可以自顶向下分为功能体系架构、物理体系架构和技术体系架构的设计。功能体系架构是为完成一定任务按照某种顺序排列的活动或功能的集合，它反映系统使命和任务是如何完成的，由综合数据字典支持的活动模型、数据模型、规则模型和动态模型等对其进行表述。物理体系架构是对构成系统的物理资源（表示为节点）及其连通性（表示为连接）的表述，由框图、节点图等多种形式进行描述。物理体系架构的节点具有一定的功能，但它不描述功能如何实现，节点之间的连接表示它们之间可以存在信息流。技术体系架构主要是体系建设中的具体规定，以指导体系的开发实现。技术体系架构将抽象的功能体系架构和物理体系架构与具体的技术实现联系起来，以便体系设计的实现。设计人员在分别完成了功能体系架构、物理体系架构和技术体系架构的逐层分解和详细设计后，再将三层体系架构综合，实现各层要素之间的映射关联和逐层汇聚，就形成了整个体系的体系架构设计。

1.2.3　体系架构设计方法

当前，体系架构设计方法五花八门，例如：以产品为中心的设计、以数据为中心的设计、面向过程的设计、面向对象的设计，等等。所有这些设计方法可以从设计对象和设计模式两个维度分类梳理。

1. 从设计对象的角度分类

从设计对象的角度分类，主要可以划分为以产品为中心的设计方法和以数据为中心的设计方法。所谓设计对象，就是体系架构设计的内容。体系架构设计的内容必然是十分丰富和多样的，从设计对象的角度进行分类，就是以设计方法所主要关注的最核心的内容进行分类。

（1）以产品为中心的设计方法。以产品为中心的设计方法是直接将体系架构的描述产品作为设计对象的设计方法。它以开发和描述体系架构产品为目的，主要关注体系架构产品的表现形式，如图形、表格或文本，这些产品是体系要素和要素关系的直观的、可视化的表现方式，有助于读者理解和接受。

以产品为中心的设计方法中，设计人员将大部分精力都集中在体系架构产品的描述上，其优点是设计过程简单明了，设计结果直观形象。但由于设计中没有充分考虑不同体系架构产品之间可能的相关性，从而容易导致产品之间的数据不一致性、逻辑错误等问题，体系架构设计数据难以重用，数据之间无法实现有效共享和有机集成，不利于架构设计的扩展，也不利于对架构设计结果进行分析和比较。

DoDAF V1.0 采用的设计方法就属于以产品为中心的设计方法，设计人员直接使用 IDEF0 绘制各种视角产品，描述体系架构的使命任务、功能需求、要素组成和关联关系等设计的方方面面内容。

（2）以数据为中心的设计方法。体系架构设计要描述体系要素的组成、关系及其演化，在体系架构设计过程中，人们将体系架构设计的重心逐渐从各种视角产品设计转移到描述体系架构要素的数据，架构要素的数据相对稳定，各种视角产品按需从体系架构数据中临时生成。

以数据为中心的设计方法是指将刻画体系架构的底层逻辑数据模型作为主要设计对象的设计方法。它以体系架构逻辑数据模型为基础，以数据的分析、数据的收集、数据的描述、数据的存储、数据的管理等过程构成体系架构设计的生命周期。以数据为中心的设计描述不仅需要考虑设计如何展现，更重要的是要考虑设计数据如何存储、如何保持一致性等问题。

以数据为中心的设计方法以需求为核心，以体系架构逻辑数据模型为基础，期望达到体系架构数据相互之间一致性、耦合性的目的。实质是将体系架构产品中所描述的关键信息都包含到数据库中，并且利用这个数据库来开发体系架构产品。其中，数据库的数据结构与通用的数据模型（如 CADM、DM2、M3 等）相一致，并由自动化的工具来处理这些数据。以数据为中心的设计方法更强调数据的分析、数据的收集、数据的描述、数据的存储、数据的管理等过程[14]。

元模型驱动的设计方法是以数据为中心的设计方法的一种具体形式。元模型是指以模型为对象进行建模而得到的模型，关注模型本身的属性和关系。体系架构元模型是对体系架构高层概念及概念之间语义关系的抽象，是为体系架构数据收集、组织、存储和共享而建立的数据模型，它规范体系架构在建模、表现、分析验证等过程中各种数据的定义及其语义关系，为体系架构数据的构造提供一种通用的组织和描述方法。元模型在体系架构中和跨体系架构之间建立了语义一致性的基础，使体系架构的集成和重用成为可能。当前著名的体系架构元模型主要有 DoDAF V2.0 引入的美国国防部体系架构框架元模型 DM2（DoDAF Meta - Model）、MoDAF V1.2 的元模型 M3（MODAF Meta Model）以及 NAF V3.0 的元模型 NMM（NAF Meta Model）等。

2. 从设计模式的角度分类

从设计模式的角度分类，主要可以划分为面向过程的设计方法、面向对象的设计方法和面向服务的设计方法等。所谓设计模式，是对体系架构要素运行机理的一种高层次抽象，反映了设计人员如何从抽象的视角看待体系的构成方式和运行模式。

（1）面向过程的设计方法。面向过程的设计方法又称为结构化设计方法，是一种比较成熟、经典的方法。面向过程的设计方法认为，体系的运行是由一系列完成不同任务的过程组成，而每个体系要素都被嵌入到具体的过程并发挥相应的作用。因此，面向过程的设计方法的出发点是系统需要执行的功能或活动，基于功能的不断分解得到系统层次结构图，然后是体现过程的数据流图、实体—关系图和状态—迁移图等设计产品。

面向过程的设计方法的特点是面向数据流、自顶向下和逐步求精，其优点是简单直观，与人们通常的思维模式十分接近。但其缺点也十分明显：一是设计结果难以复用和重用，且每次设计基本上都需要从头开始；二是当要设计的体系构成复杂、动态变化时，反映体系运行的过程也将十分庞杂，甚至无法枚举，最终的设计复杂度也将超过设计人员可以控制的能力范围。所以，面向过程的设计方法一般只适用于相对简单、静态的体系。

（2）面向对象的设计方法。面向对象技术是 20 世纪 90 年代产生的一种软件设计技术，很快被广泛接受并推而广之，在系统工程领域也逐渐成为一种独立的设计方法。面向对象的设计方法认为，体系要素可以抽象为一个个独立的对象，对象是类的实例化，具有特定的属性和预定义的功能，具有继承性、多态性、动态性等特征，体系的运行是通过这些对象之间的动态交互实现。从自顶向下的角度看，面向对象的设计方法就是将体系逐层分解为类和对象的层次，并定义类和对象的属性、功能和交互；从自底向上的角度看，面向对象的设计方法就是描述构成体系的一个个具体类和对象，然后将类和对象逐层封装聚合，直至形成最终的体系整体。

对象和类是对体系构成的很好的抽象建模，借助类和对象的封装、继承和多态等特性，面向对象的设计方法可以很好地实现设计的复用和重用，相比面向过程的设计方法是一个很大的进步。但是，对于对象的粒度，面向对象设计方法并没有明确的规范；对于大型复杂系统的设计，面向对象的设计方法也会面临对象庞杂、交互复杂的问题；另外，复杂体系的动态性、演化性等特性，也很难用对象机制完整刻画。

（3）面向服务的设计方法。面向服务的架构（Service – Oriented Architecture，SOA）也源自软件工程领域，是一种设计和构建松散耦合的软件解决方案的方法，能够以程序化的、可访问的软件服务形式公开其业务功能，并使其他应用程序可以通过已发布的和可发现的接口来使用这些服务。通过应用 SOA，一个企业可以使用一组分布式服务来构成并组织应用程序，并能通过重用企业自己的资产及其伙伴的业务功能来构造新的应用程序和修改现有的应用程序，从而使企业快速有效地响应市场变化，并利用变更获取竞争优势。

SOA 的理念引入体系设计领域后，形成了面向服务的设计方法。面向服务的设计方法认为，一个体系所表现出的功能可以封装成一组服务，通过标准化的接口定义和描述，设计这些服务并将服务有机地组合到一起，就形成了整个体系的设计。由于体系是一层层嵌套的，体系由子体系构成，子体系又可以进一步被分解，通过用服务的方式抽象表达子体系，因此，体系设计的主要工作就是服务的设计和服务的编排。

SOA 技术产生的背景是大型企业对企业内部和外部的大量复杂软件进行集成的需要，因此，其最大的优点就是有利于大型体系的集成和扩展。设计人员发现，在实际工程中，绝大多数情况下并不是从零开始设计一个大型的复杂体系，而是有很多已有的系统需要继承、改造或者集成到体系中，这时面向服务的设计方法就提供了一种既规范又灵活的设计模式，尤其适合于大型复杂体系的集成设计。但是，大型复杂体系设计的其他一些根本性难题，在面向服务的设计方法中仍然存在。例如：服务的粒度难以规范，大型复杂体系仍会面临服务过于庞杂而无法掌控的局面，体系的动态性、演化性等特性也不是仅仅依靠服务就能解决的。

需要说明的是，以上这些体系架构设计方法并不是互斥的，而是可以相互补充、组合使用的，每种方法也各有优缺点，组合使用可以取长补短。因此，就形成了业界当前体系架构设计的主流模式——基于多视角的体系架构设计。

基于多视角的体系架构设计方法是一种以多个不同角度、层次和维度来分析、设计和构建复杂体系的方法。该方法是一种综合性的方法，针对不同的视角，运用面向过程、面向对象和面向服务等不同的方法，从多个角度描述体系设计产品，并按照以数据为中心的设计方法通过内部的元数据架构将这些产品有机关联，综合形成整体的设计方案。

以 DoDAF V2.0 为例，将体系的描述维度分为全视角、能力视角、信息活动视角、系统视角等，在每个视角设计过程中采用最合适的方法进行。如在信息活动过程模型设计过程中采用面向过程的 IDEF 建模语言进行描述；在系统视角设计过程中采用面向对象的 UML、SysML 建模语言进行描述，不同视角产品都源自统一的数据模型，由 DM2 元数据模型定义。

因此，基于多视角的体系架构设计方法是一个综合性的方法，在使用过程中会应用到 IDEF 等面向过程的设计方法、UML 等面向对象的设计方法，也会采用基于 DM2 的设计等以数据为中心的设计方法，以及以产品为中心的设计方法等。

1.3　体系架构框架

1.3.1　体系架构框架的定义

按照基于多视角的体系架构设计方法，体系架构的设计需要包括多个维度的视角和各种类型的数据模型。具体到某一种基于多视角的体系架构设计方法，到底需要定义哪些视角和数据模型，以及这些视角和数据模型如何有机关联到一起构成一个完整的体系架构设计，这就是体系架构框架要明确和规范的内容。换句话说，体系架构框架就是明确了当采用基于多视角的体系架构设计方法时，需要描述的数据模型和视角产品内容，以及描述方法的标准规范。

ISO（International Organization for Standardization，国际标准化组织）/IEC（International Electrotechnical Commission，国际电工委员会）/ IEEE 42010（Institute of Electrical and Electronics Engineers，电气与电子工程师协会）中将体系架构框架定义为在特定应用领域或利益相关群体内建立的用于架构描述的约定、原则和惯例，架构框架建立的通用惯例支持架构的创建、解释、分析和使用[15]。

体系架构框架一般包括数据层和描述层。其中，数据层定义体系架构的数据要素、数据要素属性及其关系，通常通过数据元模型的形式进行定义。描述层定义体系架构的产品和视角，通常采用图形、表格、文本的形式进行可视化表达，并采用 IDEF、SysML 等建模语言进行规范化描述。描述层和数据层是相互关联的，描述层的视角产品呈现的内容来自数据层定义的数据要素信息。

体系架构框架一般都由标准化组织进行标准化，成为规范的体系架构设计标准，以确保其权威性、规范性和一致性。同时，一些软件厂商，同步研发推出了许多符合相应体系架构框架标准的体系架构设计工具软件，有效地支撑了体系架构框架设计工作，例如：Rhapsody。

1.3.2 体系架构框架的发展历程

体系架构框架自 20 世纪末提出后，经历了一个发展、壮大和逐步融合的过程，比较有代表性的体系架构框架包括 Zachman AF[16]（Zachman Architecture Framework，扎克曼体系架构框架）、TOGAF（The Open Group Architecture Framework，开放组织体系架构框架）、FEAF（Federal Enterprise Architecture Framework，联邦企业体系架构框架）、DoDAF（Department of Defense Architecture Framework，美国国防部体系架构框架）等[17]。这些体系架构框架相互学习、不断融合，到 2016 年最终融合为 UAF（统一架构框架）。体系架构框架发展史如图 1 - 2 所示。

1. 扎克曼体系架构框架

1987 年，美国 IBM 公司（International Business Machines Corporation，国际商业机器公司）的 Zachman（扎克曼）教授提出了一种信息系统体系架构框架，全称为企业信息系统体系架构框架，又称为扎克曼体系架构框架[18]。其核心思想：在信息系统的设计和开发过程中，各参与方会根据自身职责和需要，从不同的视角描述同一个系统，反映系统某一方面的局部信息，将所有参与方从不同角度对系统局部信息的描述进行合成，就能形成对系统的全面认识。

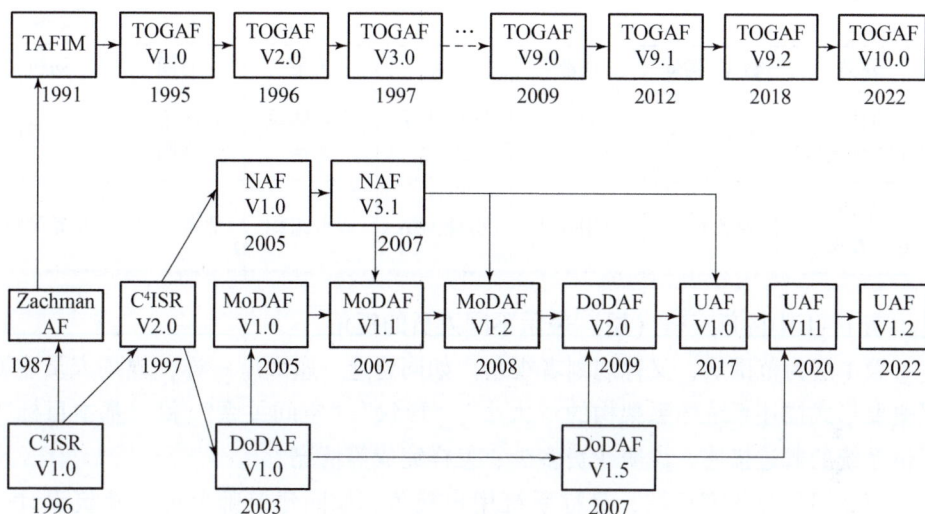

图 1-2 体系架构框架发展史

扎克曼体系架构框架从 6 个层次视角和 6 个焦点问题的角度分析设计一个体系架构。6 个层次视角建立了复杂系统工程中不同人员从不同视角对系统体系架构的描述模型，包括范围（规划者视角）、业务模型（系统用户视角）、系统（逻辑）（设计者视角）、技术（物理）（实现者视角）、部件（程序员视角）、企业（运营者视角）；6 个焦点问题是为了不同目的而从不同方面对同一系统建立不同描述模型，包括数据（What）/实体、功能（How）、地点（Where）、人员（Who）、时间（When）和动机（Why），简称"5W1H"。6 个层次视角和 6 个焦点问题形成一个 6 行 6 列的分析矩阵，矩阵的每个元素对应了相应视角和焦点问题下需要设计和描述的内容，如表 1-1 所示。

表 1-1　扎克曼体系架构框架

分类	数据/实体	功能	地点	人员	时间	动机
范围 （规划者视角）	重要业务 对象列表	重要业务 过程列表	业务执行 地点列表	重要组织 单元列表	重要业务 事件列表	业务目标 策略列表
业务模型 （系统用户视角）	语义模型	业务过程 模型	业务分布 模型	工作流模型	主进度表	业务规划
系统（逻辑） （设计者视角）	逻辑数据 模型	应用体系 架构	分布系统 体系架构	员工接口 体系	处理结构	业务规则 模型
技术（物理） （实现者视角）	物理数据 模型	系统设计	技术体系 架构	描述体系 架构	控制结构	规则设计

分类	数据/实体	功能	地点	人员	时间	动机
部件 （程序员视角）	数据定义	程序	网络体系 架构	安全体系 架构	时限定义 规则	详细说明
企业 （运营者视角）	业务数据	应用代码	物理网络	业务组织	业务进度	业务策略

表 1-1 中的每一行（层）表示不同人员的视角。

第 1 层为范围层，又称规划者视角。如同建造一座大厦一样，规划人员主要以概要形式描述系统体系架构的"大小""形状""空间关系"和"基本目标"，提供系统的概述描述，说明花费多少、怎样完成等情况。

第 2 层是业务模型层，又称系统用户视角。如同建筑师要进行建筑设计一样，主要完成系统的业务设计，说明参与业务工作的实体和业务活动的过程。

第 3 层是系统（逻辑）层，又称设计者视角。如同设计师对大厦进行结构设计一样，由系统分析人员根据企业需求确定表示实体的数据元素和实现业务过程需要的功能。

第 4 层是技术（物理）层，又称实现者视角。如同施工方（承包商）要绘制建筑施工图纸一样，必须将设计的信息系统模型变为程序语言、输入/输出设备或其他需要的技术细节。

第 5 层为部件层，又称程序员视角。在设计过程中，该层由程序员给定完成任务部分的细节说明。在部件层上，程序员只对独立的模型进行编码，不关心该系统的背景和整个结构。

第 6 层为企业层，又称运营者视角。该层从产品使用者的角度对系统体系架构进行概要描述。

表 1-1 中的每一列反映关注的不同方面。

第 1 列为数据/实体：主要描述系统涉及的实体以及实体之间的关系。

第 2 列为功能：主要描述系统要完成怎样的功能。

第 3 列为地点：主要描述系统的分布和连接，系统各项功能在哪里被执行。

第 4 列为人员：主要描述系统中由谁来完成各个功能和任务，它明确系统中的组织关系、责任关系和功能分配关系。

第 5 列为时间：主要描述系统中各事件的时间关系。

第 6 列为动机：主要描述为什么要完成这些活动，表明企业的目标。

在扎克曼体系架构框架矩阵中，行与列的交叉点是一个单元格，由于每个单元格都是由一个抽象描述和一种视角交叉得到的，因此它是清晰和规范的。扎克曼强调其框架矩阵的元素既是基础的，又是完备的。其中，基础指扎克曼体系架构框架矩阵的元素不能再细分；完备指扎克曼体系架构框架包含了构成体系的所有基本元素。扎克曼强调其体系架构框架的行和列并不局限于企业的 IT（Internet Technology，互联网技术）系统，同样也适用于其他领域。

扎克曼体系架构框架是最早提出的较为完备的多视角体系架构框架，其思想影响了后续各种体系架构框架的设计，基于扎克曼体系架构框架也衍生出多种主流框架。扎克曼体系架构框架已经形成系列产品，并被广泛用于企业信息化建设顶层设计，后又被推广到政府部门、军队和其他领域，并作为设计方法论的经典参照。

2. 开放组织体系架构框架

1991 年，美国国防部基于联合运营维护的需要，提出了 TAFIM（Technical Architecture Framework for Information Management，信息管理技术体系架构框架）作为技术纲领，旨在整合现役系统和指导新系统开发，之后陆续制定了 JTA（Joint Technical Architecture，联合技术架构）、COE（Common Operating Environment，公共操作环境）和 LISI（Levels of Information Systems Interoperability，信息系统互操作等级模型）等指导性文件。

为满足不同企业与组织之间的信息系统互联、互通和技术扩展的需要，1995 年，在美国国防部发起和资助下，美国 Open Group 公司基于 TAFIM 开发了 TOGAF 的 1.0 版[19]，试图提供一个实用、方便的工业标准，指导各组织设计信息系统体系架构，其应用范围比较广，包括顶层设计、组织管理、业务等各个领域。至 2009 年，TOGAF 企业版已发展到 9.0 版，得到了世界上许多大公司的广泛支持。

TOGAF 的 9.0 版本主要包括体系架构开发方法、体系架构模型库、企业连续统一体、内容框架、技术参考模型、能力框架等。

体系架构开发方法是 TOGAF 的核心内容，它将体系架构的开发周期分为预备阶段、阶段 A（体系架构构想）、阶段 B（业务体系架构）、阶段 C（信息系统体系架构）、阶段 D（技术体系架构）、阶段 E（机会和方法）、阶段 F（迁移计划）、阶段 G（实施管理）和阶段 H（体系架构变化管理）9 个阶段。

内容框架主要定义视角及产品，包括体系架构原则、远景和需求、业务体系架构、信息系统体系架构、技术体系架构和体系架构实现 6 个部分。

技术参考模型分为 6 层，包括通信基础设施、通信基础设施接口、网络服务、操作系统服务、应用平台、应用平台接口等，主要在系统结构上对具体信息系统设计提供规范和指导，以保证应用程序能有机地集成。

3. 联邦企业体系架构框架

1999 年，美国联邦政府在扎克曼体系架构框架基础上开发并发布了 FEAF（Federal Enterprise Architecture Framework，联邦企业体系架构框架），用于指导各政府机构信息系统建设[20]，它由体系架构驱动、战略方向、当前体系架构、目标体系架构、体系架构模型、体系架构构段、变化过程和标准 8 个部分组成。2000 年，美国联邦政府在 FEAF 的基础上又开发了部门级体系架构框架——TEAF（Treasury Enterprise Architecture Framework，财经企业体系架构框架）[21]。

2002 年，美国管理和预算办公室成立专门机构开发了 FEA（Federal Enterprise Architecture，联邦企业架构），用于指导美国电子政务信息化建设，分析查找部门间重复投资及相互差距，促进联邦政府各机构之间的相互协作，主要由绩效参考模型、业务参考模型、服务构件参考模型、数据参考模型、技术参考模型和安全保密概要组成。目前，FEA 已经成为联邦政府行政管理的日常工作内容与操作工具。美国企业体系架构开发协会则推出了 E2AF（Enterprise to Architecture Framework，扩展企业体系架构框架）。

4. 美国国防部体系架构框架

1995 年 10 月，在 TAFIM 的基础上，为解决 C^4ISR 系统一体化程度低，互联、互通、互操作能力差的问题，美国国防部专门成立了"C^4ISR 一体化任务小组"，经过 8 个月的研究，提出 C^4ISR 体系架构框架 1.0 版[22]。之后，在美国国防部与参联会的共同努力下，1997 年 12 月又提出了改进的 2.0 版。1.0 版和 2.0 版都采用了经典的三视角结构，即作战视角、系统视角和技术视角的结构。该结构将描述体系架构得到的图形、文字、表格等称为体系架构产品。1998 年，美军开始在全军推广使用 C^4ISR 体系架构框架 2.0 版[23]。

2002 年，美军为适应部队转型，满足从"面向威胁"向"面向能力"的兵力计划构想转变的需要，制定了一系列开发使用一体化体系架构的政策，并由美国国防部牵头，联合参谋部、各军种参加，成立"美国国防部体系架构框架（DoDAF）工作组"，进行研究与开发。2003 年 8 月，美国国防部正式颁布了 DoDAF 的 1.0 版[24]，提出了 CADM（Core Architecture Data Model，核心体系架构数据模型），将应用范围扩展到包含 C^4ISR 在内的所有任务领域，并在美国国防部推广使用。之后，在 2007 年 4 月推出了 DoDAF 的 1.5 版[25]，强调网络中心概念，加入了 SOA（Service - Oriented Architecture，面向服务的体系架构）等技术，更加强调体系架构数据，更新了核心体系架构数据模型，提出联合体系架构概念。

DoDAF 提出了描述体系架构的四类视角，包括全视角（All Viewpoint，AV）、作战视角（Operational Viewpoint，OV）、系统视角（Systems Viewpoint，SV）和技术视角（Technical Viewpoint，TV），共 26 个产品[26]。这四类视角分别从不同方面对系统体系架构的构建和发展进行了表述，四类视角各自独立，又相互联系，如图 1 - 3 所示。

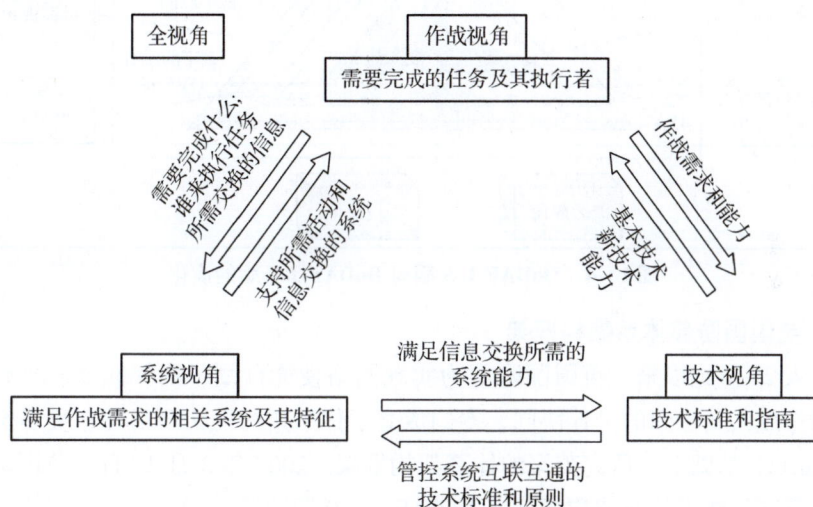

图 1 - 3 DoDAF 各视角之间的关系

图 1 - 3 中，全视角有两个产品，描述了体系架构应用范围、目的等总体信息，包括上下文、摘要和综合术语字典。作战视角有 9 个产品，描述了要支持的作战概念，揭示了能力和互操作性方面的需求，以及完成任务的活动和人员/组织之间的信息交互关系。系统视角有 13 个产品，描述了已有系统、待建系统及其物理互联，以支持作战视角中的能力需求。技术视角有两个产品，描述了系统部件及其互联的技术标准，包含了技术细节和技术标准演进的预测。

2009 年，美国国防部继续推出 DoDAF 2.0 版，强调以数据为中心，引进了美国国防部体系架构元模型概念，包括概念数据模型、逻辑数据模型和物理交换规范等，以取代之前版本中的 CADM[27]，并将视角扩展到 8 个，提出了 51 个产品[28]。分别是全视角（All Viewpoint，AV）、数据与信息视角（Data & Information Viewpoint，DIV）、标准视角（Standards Viewpoint，StdV）、能力视角（Capability Viewpoint，CV）、作战视角（Operational Viewpoint，OV）、服务视角（Services Viewpoint，SvcV）、系统视角（Systems Viewpoint，SV）、项目视角（Project Viewpoint，PV）。增加的这些视角能更好地适应和涵盖各类决策人员的多种观察角度的需求，具体的变化内容如图 1 - 4 所示。

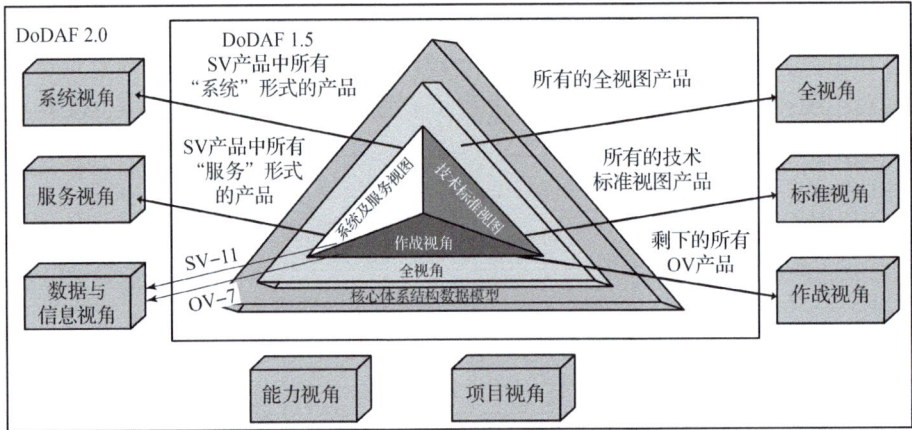

图 1-4　DoDAF 1.5 版向 DoDAF 2.0 版的演化

5. 英国国防部体系架构框架

进入 21 世纪以来，英国国防部为实现网络使能计划，确保武器、平台、传感器和作战人员之间的最佳协同，专门成立了体系架构框架项目评审委员会，在美军 DoDAF 基础上，研究英军的体系架构框架。2005 年 8 月 31 日，英国国防部颁发了英国国防部体系架构框架（MoDAF）1.0 版[29]，由 13 份文件组成，提出 6 类视角、38 个产品，并提供了 5 类用户手册。其体系架构框架如图 1-5 所示，每种视角描述了体系架构模型的不同方面，且都由若干个视角产品构成。

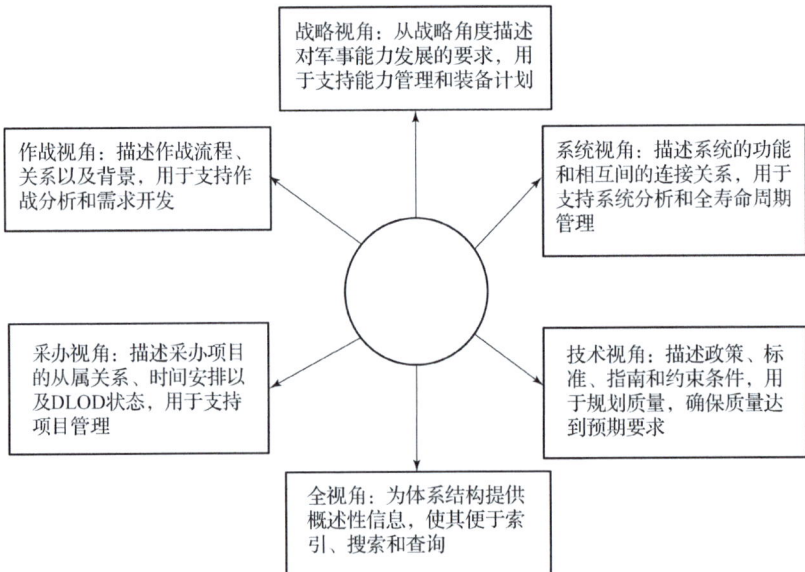

图 1-5　英国国防部体系架构框架

（1）全视角是体系架构的顶层描述，包括使用范围、使用者、时间跨度以及为有效搜索和查询体系架构模型所需的其他基本信息。

（2）战略视角（Strategic View，StV）用于支持对现有军事能力分析和优化的各种战略。其进一步细化了各种军事能力的从属关系，以便整个装备计划中对其进行有效的折中和权衡。战略视角从战略的高度描绘了系统所具备的能力，是 MoDAF 在 DoDAF 基础上新增的视角之一。

（3）作战视角描述了完成使命任务所需的任务与活动（包括平时和战时活动）、指挥关系、作战节点及连接关系，以及信息交互需求。可用于使命任务"全寿命周期"中的多个时间节点，包括开发用户需求、形成未来想定方案、支持计划的制订等。

（4）系统视角描述了支持使命任务各种功能系统（主要但不仅仅是通信和信息系统）的功能、组成及相关关系。系统视角用于将系统资源与作战视角关联起来，主要用途是开发满足用户需求的系统方案，并提出合理的系统需求。

（5）技术视角描述了适用于体系架构各方面的标准、规则、政策和指南。其内容并不完全是技术方面的，它既适用于各种系统（如各种标准和协议），也适用于各种运营维护行动（条令、标准使用程序和战术技术程序）。

（6）采办视角（Acquisition View，AcV）与战略视角一样，是 MoDAF 新增的，用于描述系统建设"全寿命周期"计划的细节。通过采办视角，可以确定项目与计划之间的相互影响，以及整合防务研制过程中的各种采办活动。

之后，英国国防部于 2007 年 4 月和 2008 年 9 月相继发布了 MoDAF 1.1 版和 MoDAF 1.2 版，将视角扩展到 7 个，更加强调战略和采办产品，突出面向服务和以数据为中心[30]。

6. 北约 C3 系统体系架构框架

北约为适应多国联合运营维护需要，也开始规范其体系架构设计方法，制定体系架构框架。2000 年 11 月，北约 C3 委员会批准颁布了北约 C3 系统体系架构框架 NAF 1.0 版，规范了开发 C3 系统体系架构的指导原则[31]，描述了北约 C3 系统顶层体系架构、参考体系架构和目标体系架构的开发与批准过程。2004 年 8 月发布了 NAF 2.0 版。随后，在 2007 年推出了 NAF 3.0 版，并将体系架构框架范围扩展到 C3 系统之外的其他相关领域。

NAF 3.0 版包括 7 个视角[33]：北约运行视角（NOV）、北约系统视角（NSV）、北约技术视角（NTV）、北约全局视角（NAV）、北约服务视角（NSOV）、北约能力视角（NCV）和北约计划视角（NPF）。NAF 3.0 版为北约及其成员国范围内开发和描述体系架构提供一系列规则、指南和产品，确保所开发的体系架构能够有效集成。

7．统一架构框架

UAF 是当前体系架构框架的集大成者，其目标是用一种统一的架构，建模各类体系。如前所述，DoDAF、MoDAF、NAF 等各类体系架构框架各有特点，虽然它们都是基于同样的理念设计的，也都采用了常用的建模语言和数据模型定义，但各类体系架构在视角产品的构成、元模型的具体定义方面存在众多的差异，造成这些不同的体系架构框架之间数据无法交互、设计团队难以沟通，不同的体系架构框架需要不同的设计工具支持，带来的软件工具成本和人员培训成本浪费巨大。更重要的是，遵循不同的体系架构框架开发出的体系架构无法集成和重用。2013 年，OMG 组织建立了针对 DoDAF 和 MoDAF 统一配置文件的提案请求，开启了创建统一体系架构框架（UAF）的工作。2016 年，北约和英军首先将MoDAF V1.2 与 NAF V3.1 合并为 NAF V4.0，迈出了体系架构框架统一的第一步；2017 年，UAF V1.0 首次将 DoDAF 和 NAF 合并，实现了主流体系架构框架的大一统；之后，2020 年发布了 UAF 1.1 版本，2021 年发布了 UAF V1.2，对 UAF V1.0进行了全面完善，补齐了相关的规范文档，标志着大一统体系架构框架的成型。

UAF 包括三个主要文件，如图 1－6 所示。

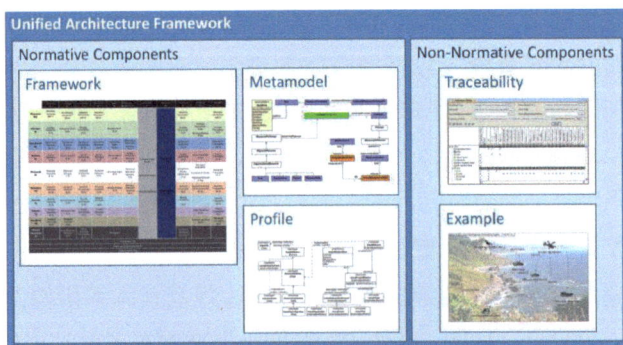

图 1－6 UAF 架构框架的组成

（1）架构框架（Framework）：定义了体系架构框架的领域（Domain）、模型（Model）和视点（Viewpoint）的集合。

（2）元模型（Metamodel）：一套用于按照特定的视点构造相应视角的类型、三元组和实体的集合。

（3）产品（Profile）：基于 SysML 的元模型实现，按照基于模型的系统工程

（MBSE）原理和最佳实践构造的体系架构产品视角。

另外还有以下两个辅助文件。

（1）UAF 到其他 EAFs 和 UPDM 方法的追踪映射关系指南（Traceability）。

（2）一个基于搜索和救援的案例（Example）。

1.3.3　体系架构设计工具

随着美军体系架构框架的大规模推广应用，国外一些公司推出了支持体系架构开发的商用软件工具，如美国的 IBM 公司的 System Architect、Rhapsody 和 Tau G2，Vitech 公司的 CORE，Intelligile 公司的 MAP，NO MAGIC 公司的 MagicDraw 等。这些商用工具主要针对国外的 DoDAF、MoDAF、TOGAF 等，模型设计采用结构化或面向对象方法中的建模技术，如 UML（Unified Modeling Language，统一建模语言）、SysML（Systems Modeling Language，系统建模语言）等。System Architect、Enterprise Architect 和 Rhapsody 的界面截屏如图 1 –7 所示。

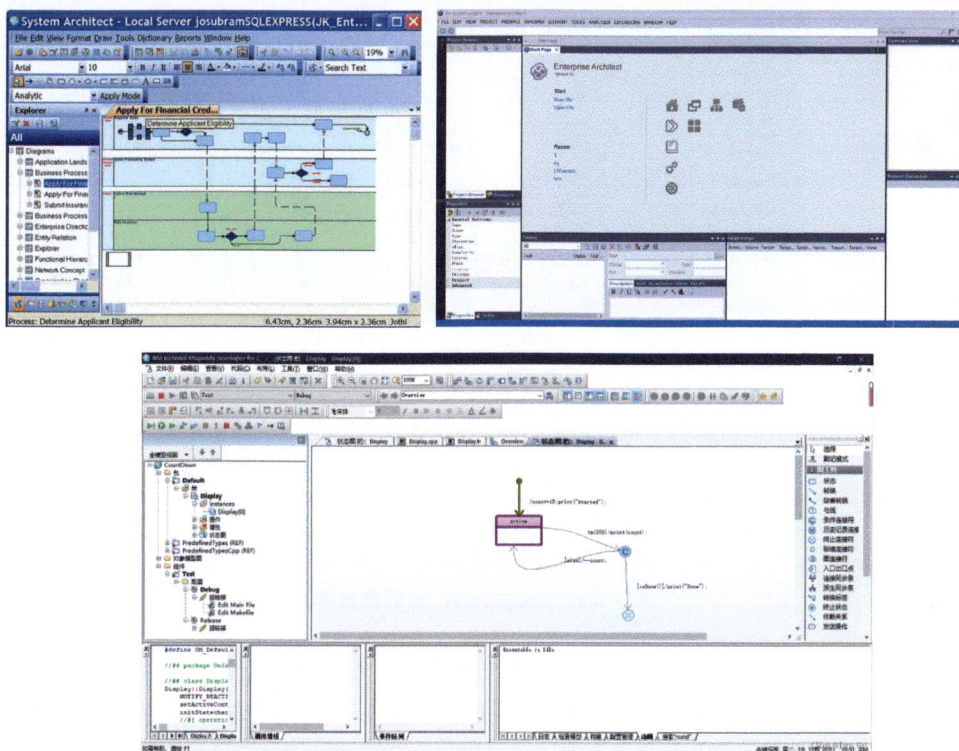

图 1 –7　System Architect、Enterprise Architect 和 Rhapsody 的界面截屏

为增加体系架构工具的适应性和可扩展性，一些商用工具采用了元建模的设计思想，这些工具除提供良好的体系架构可视化建模功能外，逐渐重视并增强体系架构设计的智能化和服务化手段支撑。其中，大部分工具都提供了基于人机交互的智能辅助设计手段，如图形对齐、自动布局等功能。美国 NO MAGIC 公司的 MagicDraw 工具提供了基于模型数据关联的智能辅助设计手段，通过向导对话框的方式辅助设计人员将多个关联模型（如 OV－2，OV－5）的体系架构数据进行同时构建，以提高模型的完整性和一致性。此外，MagicDraw 工具还提供了基于浏览器环境的体系架构模型浏览批阅功能，支持将桌面环境构建的体系架构模型进行发布，通过浏览器以图片的方式对体系架构模型进行浏览，并提供简单的批阅功能。MagicDraw 的界面截屏如图 1－8 所示。

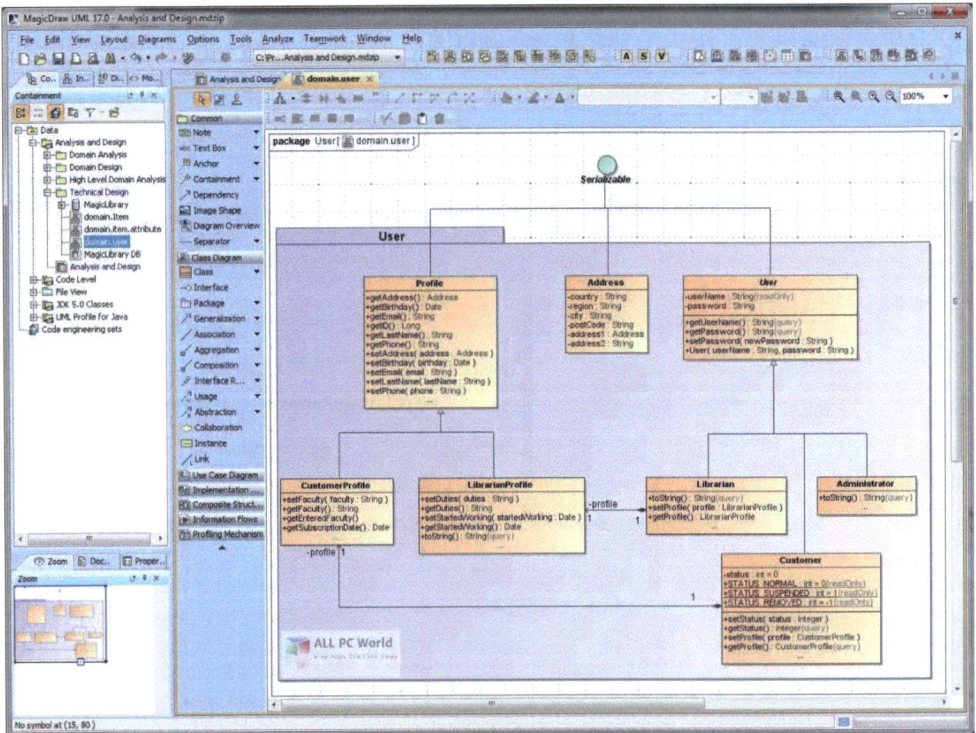

图 1－8　MagicDraw 的界面截屏

除了商用设计工具，也出现了一些开源设计工具，例如，Archi 采用 ArchiMate 建模语言，支持 TOGAF。ArchiMate 的界面截屏如图 1－9 所示。

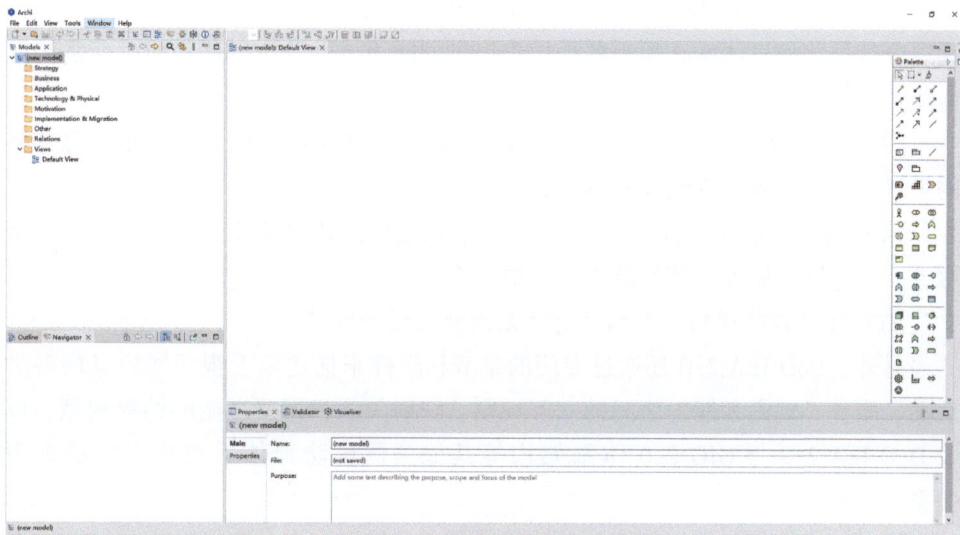

图 1 - 9　ArchiMate 的界面截屏

1.4　典型案例：美国国防部信息体系架构

美国国防部面临着大量、多样、复杂的信息共享需求，为应对这些需求，美国国防部首席信息官提出了交付一套信息体系的构想，以便美国国防部和合作伙伴获取信息和服务。美国国防部信息体系架构（DoD IEA）作为美国国防部信息体系的拱顶石体系结构，确立信息体系的运行环境和构想，定义信息体系的概念、战略、目标，并为实现信息体系构想提供了一个通用的基础体系架构，以引导信息技术的规划、投资、采办和决策。

该体系架构经历了多个版本的演进。1.0 版指出了近期决策时必须优先考虑的领域，并针对每个领域的投资制定了基本原则和主要规则。1.1 版和 1.2 版描述了如何应用这些原则、规则和相关活动，制定了 DoD IEA 的遵循标准，提供了美国国防部信息体系的遵循要求。2.0 版本描述了对未来信息体系的构想以及它必须提供的一套初始能力，以支撑美国国防部任务域和组成部门的军事行动。

DoD IEA 2.0 是一个典型的多视角体系架构，通过一套体系架构视角产品进行描述，主要包括：

（1）能力构想模型（CV - 1）。从宏观上描述美国国防部首席信息官的信息体系构想和可交付的信息体系能力。

（2）能力分类模型（CV-2）。提供详细具体的信息体系能力，采用分类法逐层分解描述信息体系必须为各类用户提供的能力，以及交付这些能力所需的赋能能力。

（3）高级运行概念（OV-1）。描述信息体系高层运行概念，确定信息体系的关键组件以及各组件间的基本关系。

（4）服务视角（SvcV-1、SvcV-4）。描述信息体系所提供的各类服务和子服务，以及这些服务与体系能力的映射关系。

（5）标准规范视角。汇编信息体系需要遵循的标准。

另外，DoD IEA 2.0 还通过专门的章节和附件来描述以上视角所定义的各类活动、服务、规则和能力之间的交互规则、映射关系和需要遵循的约束规范，以及 DoD IEA 2.0 与 GIG 2.0 体系架构等其他美国国防部体系架构之间的映射关系。

同时，为了便于实际使用，美国国防部还开发了一个内容导航支持工具，命名为 IEA 信息参考资源（I2R2），能够按照文件类型、能力类型等维度，整理和组织体系架构描述的各类信息，以便查询、调阅和引用。

第2章
智能化体系架构设计

2.1 智能化体系

智能化体系是智能化技术赋能的体系。系统在共同的使命任务下聚合而成为体系，以完成体系整体赋予的使命任务，随着人工智能技术的快速发展，智能技术也必将广泛渗透到体系中，通过智能技术提升体系能力，更好地完成其使命任务。

智能技术对体系的赋能，包括体系要素的智能化赋能和体系运行的智能化赋能两个层面。

（1）体系要素的智能化赋能是对构成体系的系统要素的赋能，主要体现在通过运用智能技术，提升作为体系组成成员的系统功能性能，包括性能指标的提升，自主程度、协同能力和适应能力的提高等。

例如，传统的制造体系主要依赖于人工操作和机械设备，在生产过程中，工人按照既定的工艺流程进行操作，而机械设备负责完成一些重复性和高强度的工作。智能制造体系以数字化、网络化和智能化为核心，通过集成先进的信息技术、自动化设备和人工智能等手段，实现生产过程的自动化、智能化和柔性化。在智能制造体系的生产过程中，机器人、自动化生产线和智能物流系统等设备可以替代人工操作，提高生产效率和质量。同时智能制造还强调在生产过程中实时监控和数据分析，通过收集和分析生产数据，实现生产过程的优化和改进。

（2）体系运行的智能化赋能是对体系架构的赋能，是指通过运用智能技术，加强体系要素之间的自主调度和关联协同能力，体现为体系的灵活重组、敏捷适变、韧性抗毁等新的能力。在前面的制造体系中，通过引入人工智能技术构建机器人、智能生产线、智能物流等设备，动态地优化并调整体系架构的拓扑关系、要素配置、信息关系等，增强系统要素之间的信息协同和任务调度能力，实现多个制造系统之间的数据关联，生产系统和物流系统之间的资源自动分配和分布式集群控制，进而提升体系整体的能力，以及体系的强韧性、敏捷性和适变性。

2.2　智能化体系架构设计思路

目前，最常用的体系架构设计方法是美国国防部提出的 C⁴ISR 系统体系架构框架——DoDAF，通过运行、系统和技术等多种视角来描述系统各部分之间的业务和信息交互关系，以及实现的技术方法[34]。该方法最大的贡献是规范了体系架构设计的内容、过程和产品，但解决的是需求和功能边界明确的系统顶层设计方法问题，难以解决智能化体系架构所具有的动态组织性、开放适应性等体系问题。

因此，一种十分自然的智能化体系架构设计思路就是直接扩展 DoDAF，增加相应的设计视角和产品，以反映智能化体系架构不同于传统体系架构的特点。

智能化体系架构设计需重点体现节点可动态变化、流程可动态重构、规则可智能预设、多样化信息交互关系、智能化活动等方面。当前 DoDAF 无法满足上述要求，需要提供新的描述手段来开展智能化体系架构的设计，对 DoDAF 进行新增和改造。智能化体系架构设计任务列表如表 2-1 所示。针对规则、节点、流程、能力、信息交互、系统、标准规范、技术等体系设计要素，提出相应的智能设计增量。

表 2-1　智能化体系架构设计任务列表

编号	体系设计要素	体系架构设计要求	DoDAF 的特点与不足	智能设计增量	关联视角
1	规则	能够设计智能化体系可变点（资源、任务、能力等）的动态变化的约束和规则	当前规则基于固定的模板，供用户编辑，缺少智能化运行的动态特征规则的设计	新增智能视角，刻画智能化体系的动态体系要素的动态变化约束和规则，支持将智能规则与其所约束的活动、流程进行关联	智能视角
2	节点	能够设计智能化体系自适应的任务执行节点，体现智能化体系的精准对抗，进一步设计使命任务与运行节点的配置关系与运行规则的组合，体现智能化体系的敏捷适变	节点属性侧重于基本属性描述，对多角色分配、任务关联等智能因素设计支撑不足	基于 DoDAF，改进任务过程模型，支持设计智能化体系任务的备份节点，备份节点能继承原节点关联关系，根据匹配规则匹配	运行视角
3	流程	能够基于新质运行概念，明确智能化运行场景，设计智能化运行任务流程、组织关系等	运行流程以运行活动过程模型为主进行展现，不足以表现智能化、自主化流程与原有流程的区别	基于 DoDAF，改进运行节点连接关系、组织关系图、任务过程模型、运行规则模型等，刻画设计智能化体系拟完成的任务，任务执行的过程与约束条件，以及任务完成的组织编组以及协作关系	运行视角

编号	体系 设计要素	体系架构设计要求	DoDAF 的 特点与不足	智能设计增量	关联视角
4	能力	能够设计智能化体系的新质能力，提出对智能化体系能力发展的要求，确定智能化体系的能力分类、组成及能力关系等	难以体现在智能技术的牵引下带来的新质能力，或者对传统能力的赋能	采用原有 DoDAF 中的能力分类模型、能力与任务关系模型，刻画智能化体系能力	能力视角
		能够设计新质体系能力，针对能力可以设计新的能力效果，还可以进一步明确智能带来的能力效果属性的变化	缺乏刻画能力效果属性的模型，无法定性或定量描述能力效果，以及能力效果变化	新增效果属性模型、能力效果模型，基于能力、活动、信息活动的设计成果，设计能力在具体活动下的效果要求，以及能力效果在不同阶段的演进变化	
5	信息交互	能够设计智能化体系中的信息流转过程，并体现信息处理过程，设计数据获取—信息—知识—智能的过程；能够针对信息设计智能技术带来的新的信息类型，比如设计知识类信息、智能类信息	仅仅通过直接描述有哪些信息系统、系统功能是什么及如何交互来体现信息交互，缺乏对信息行为本身的刻画	新增信息活动视角，设计信息活动过程、信息活动清单、信息清单、活动功能模型、任务与信息活动映射模型等，更好地关注和描述体系的信息流程，并通过与使命任务建立关联，能够通过信息流有效地影响和驱动运行流程	信息活动视角
6	系统	能够设计在新式运行概念牵引下装备体系各要素的交联链路关系，打通传统体系装备之间未连接的运行节点，能够体现链路的实时交互	支持设计体系完成任务的装备组成与结构、系统具备的功能、系统与活动关系等	基于 DoDAF，改进系统交互模式模型，设计统一接口和各系统链接要素，进一步设计链路的时效性、协议等作为补充属性，体现实时交互特性	系统视角

续表

编号	体系设计要素	体系架构设计要求	DoDAF 的特点与不足	智能设计增量	关联视角
7	标准规范	能够基于智能化体系带来的新的任务需求、系统需求，设计新的标准、规范、条令条例、规则、政策法规等	支持设计相关的标准、规范、条令条例、规则、政策法规等内容	采用原有 DoDAF 中的标准规范视角，设计智能化体系中的新式标准、规范、条令条例、规则、政策法规等内容	标准规范视角
8	技术	能够基于智能化体系的目标，可以自顶向下设计在体系中需要突破的关键技术；也可以在设计完毕后，自底向上，提出需要在运行概念中引入的新技术	缺乏支持智能化体系建设和运用的技术参考模型	新增技术视角，设计技术参考模型、技术展望模型、能力技术关系表模型、技术路线图模型，描述智能技术内容，预测智能技术发展，刻画技术对能力、系统等的影响	技术视角

2.3　智能化体系架构设计框架

2.3.1　智能化体系架构框架结构

本书提出的智能化体系架构设计方案，基于美国的 DoDAF，进行智能化体系设计框架的扩展和新模型的构建，如图 2-1 所示。在体系构成要素中，考虑智能化体系设计中节点、流程等要素的可变性，改进运行视角中的任务过程模型、运行节点连接关系等，并根据与变体和可变点相关的可变性依赖和变体约束，新增智能视角，以力量协同规则、自主协同规则和任务协同规则模型的形式开展设计；考虑智能化技术赋能下的能力变化，新增能力视角中的效果属性模型、能力效果模型；考虑智能化体系信息交互的复杂性，新增信息活动视角，以信息活动过程、信息活动清单等模型开展设计；考虑智能化新技术，新增技术视角，以技术参考模型、技术展望模型等开展设计。

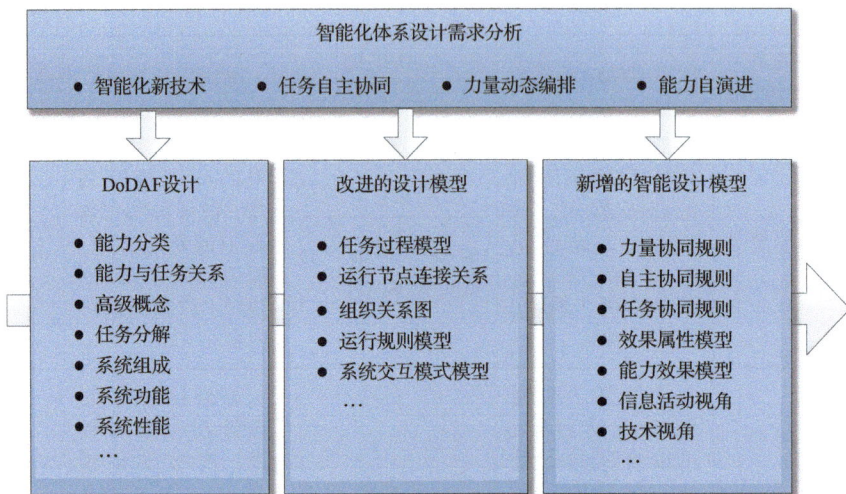

图 2−1 智能化体系架构设计方案

扩展了相关视角产品的智能体系架构框架，包括全视角、能力视角、智能视角、运行视角、信息活动视角、系统视角、技术视角和标准规范视角等内容。各个视角模型的设计内容是相互关联的，在架构设计中必须保证各模型相关内容的一致性，全视角模型对所有模型都有指导和约束作用。智能化体系架构设计框架如图 2−2 所示。

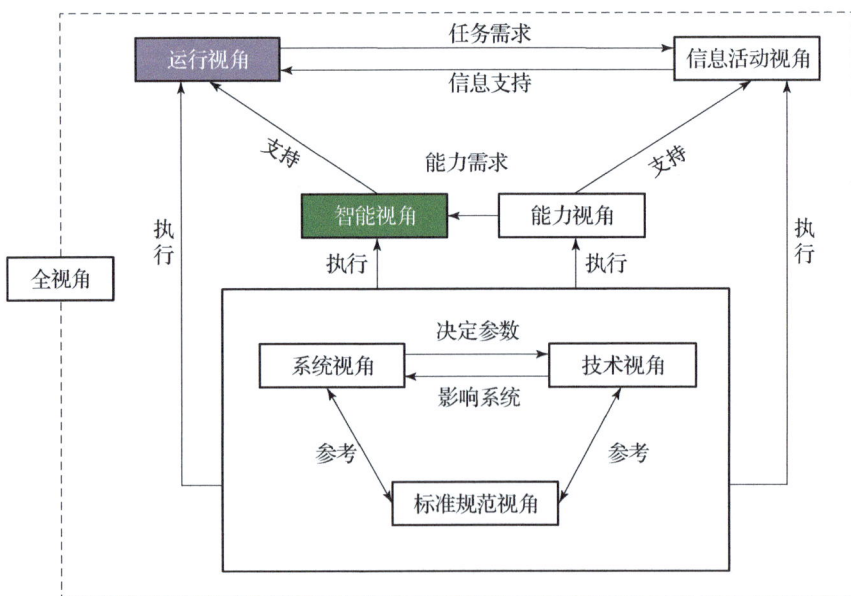

图 2−2 智能化体系架构设计框架

其中，全视角是对所有主视角的总体约束和指导，从全局角度说明智能化体系架构设计的目标范围、相关背景、体系发展的目标愿景以及与领域相关概念术语。运行视角主要从任务需求的角度，描述运行活动执行的过程与约束条件、活动完成的组织编组以及协作关系，支持活动流程优化与组织关系的设置。智能视角为运行视角提供支撑，支持对资源、运行活动、组织机构的可变规则进行设计，体现智能化运行的动态特征。信息活动视角为运行活动提供信息支持，以信息活动过程为核心，描述信息活动的组成、信息活动的输入/输出界面、信息流、活动功能、信息分类以及信息活动协作关系。能力视角从能力需求角度，提出对体系能力发展的要求，确定体系的能力分类和组成、能力效果以及能力关系等，用于支持体系能力的规划。系统视角、技术视角、标准规范视角是对运行视角、信息活动视角、智能视角、能力视角的具体执行。系统视角从体系资源的角度描述满足任务和信息活动要求的系统功能、系统组成及其关系，以及系统演化发展过程。技术视角从技术实现与管理的角度，描述支持体系建设、运用的技术体制，分析、预测对体系有较大影响关键技术的发展趋势，确定关键技术的演化策略，规范体系建设与演化的技术实现手段与方法。标准规范视角描述所有适合架构设计的技术标准分类及标准规范，规范系统建设的技术实现方式，为体系建设提供指导和约束。

智能化体系架构设计框架的视角和模型构成如表 2 – 2 所示。在具体设计中，设计人员可根据实际需要选择满足任务需求的相应视角和模型。

表 2 – 2　智能化体系架构设计框架的视角和模型构成

视角	模型名称	模型代号	简介
全视角 （AV）	目的背景	AV – 1	描述架构设计的背景、目的、设计目标等
	架构愿景	AV – 2	描述架构设计预期达到的目标状态
	概念定义	AV – 3	定义架构设计涉及的、需要统一认识或特别说明的概念
	术语分类	AV – 4	描述架构体系设计过程中引用的专用名词或概念
能力 视角 （CV）	能力构想模型	CV – 1	用于获取和组织能力构想所需的具体信息能力
	能力分类模型	CV – 2	描述能力的分类与组成
	能力依赖关系	CV – 3	描述能力之间的依赖关系
	能力与任务关系模型	CV – 4a	描述能力与任务的映射关系

续表

视角	模型名称	模型代号	简介
能力视角（CV）	能力与活动关系模型	CV‑4b	描述能力与信息活动的映射关系
	效果属性模型	CV‑5a	描述和定义能力效果分类法，形成规范的效果及其属性定义
	能力效果模型	CV‑5b	定义能力在具体活动下的效果和能力的演进趋势
运行视角（OV）	高级运行概念	OV‑1	描述使命任务及其分类的高层概念
	运行节点连接关系	OV‑2	描述运行节点之间的信息交换连接关系
	组织关系模型	OV‑4	描述组织机构间可能存在的多种关系
	任务分解模型	OV‑5a	描述使命任务、分解关系和任务的属性
	任务过程模型	OV‑5b	描述为了完成特定使命任务各分域任务的执行过程和协作关系
	运行规则模型	OV‑6a	描述执行使命任务必须遵循的条令、法规、标准、方案等
	状态转移模型	OV‑6b	描述任务执行过程中受事件驱动的状态转换关系
智能视角（INV）	动态编排规则模型	INV‑1	描述实体的动态编排规则
	组织协调规则模型	INV‑2	描述组织指挥之间的智能指挥协调关系
	任务协同规则模型	INV‑3	描述任务活动过程中的智能任务跨域协同规则
信息活动视角（IAV）	信息活动过程模型	IAV‑1a	描述信息活动及活动之间的信息流
	信息活动清单	IAV‑3	描述信息活动层次的组成关系与结构
	信息关系模型	IAV‑4a	描述体系的信息分类、信息关系等内容
	信息清单	IAV‑4b	以列表的方式对信息分类进行描述
	信息活动功能模型	IAV‑5	描述信息活动包含的功能
	任务活动与信息活动映射	IAV‑6	描述任务活动与信息活动的关联映射关系

续表

视角	模型名称	模型代号	简介
系统 视角 (SV)	系统组成模型	SV－1	描述系统的分类与组成
	系统信息交互模型	SV－2	描述系统之间的交互关系
	系统关系矩阵	SV－3	描述系统间的相互关联关系，作为系统交互模型的补充
	系统功能描述模型	SV－4	描述系统具备的功能
	系统与能力映射关系	SV－5	描述系统与能力的支持关系
	系统与活动映射关系	SV－6	描述系统与活动的支持关系
	系统性能描述模型	SV－7	描述系统在某一时间段内的性能特征
标准 规范 视角 (StdV)	技术标准列表	StdV－1	描述体系中涉及的技术标准体系
	应用规范列表	StdV－2	描述体系架构在各领域需要遵循的规范、规则、法规条令
	标准规范演化	StdV－3	描述标准规范的演进过程及关键时间节点达到的水平
技术 视角 (TV)	技术参考模型	TV－1	描述体系中技术领域的分类及关系
	技术展望模型	TV－2	描述体系中关键技术的发展趋势
	技术对能力 的影响模型	TV－3	描述关键技术对体系能力的影响方式及影响程度
	技术发展 路线图模型	TV－4	描述关键技术对体系中能力和活动的影响

2.3.2 智能化体系架构元模型

在智能化体系设计时，当采用不同的视角模型进行设计时，需要搭建标准、一致、规范的数据模型，为智能化体系中各涉众在同一数据框架开展体系设计工作提供保障。采用元模型（Meta－Model）是解决该问题的有效之道，并且已经被当前的大多数架构框架所采用。ISO/IEC/IEEE 42010 将元模型定义为一种模型，提供了用于架构描述的元素，基于这些元素可以组成针对某类模型的词汇。元模型通常包括实体、属性、关系和约束等元素。

图 2 - 3 所示为元模型在架构框架中的作用。该图从下往上共分为三层：产品层、模型层和元模型层。其中，底层的架构设计的产品是一种设计概念，它代表了设计师头脑中的架构设计成果，并不是一种物理实体。架构设计的产品的展示需要通过表示模型，它的存储需要通过数据模型，这两种模型就是架构设计成果的物理形态。二者的构建分别遵循相应的元模型，因此表示元模型和数据元模型分别定义了表示模型和数据模型的建模语言。

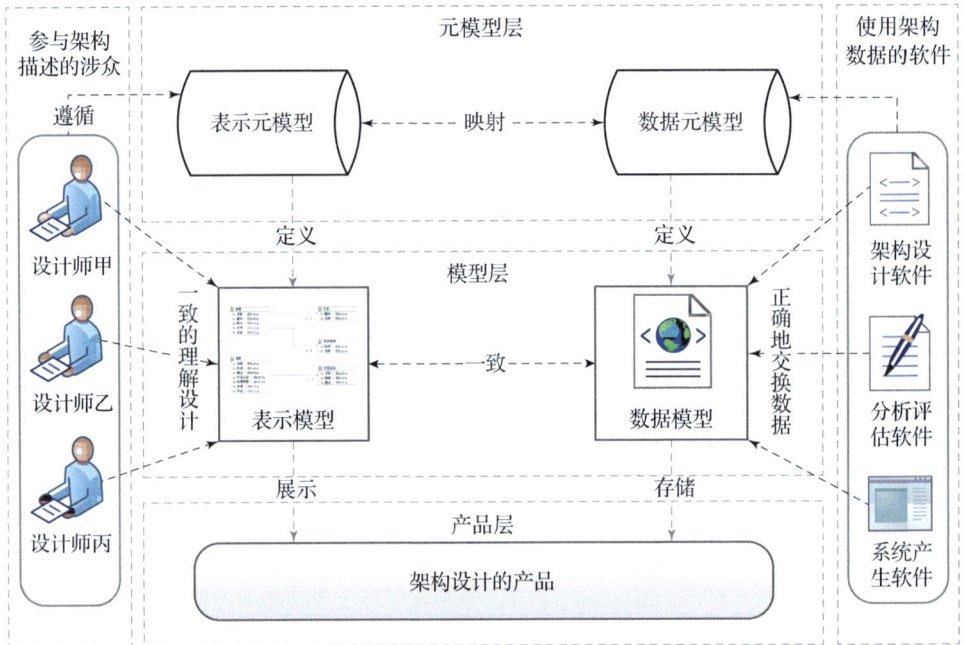

图 2 - 3　元模型在架构框架中的作用

元模型的引入能够增进涉众理解的一致性和系统的互操作性。具体来说，表示元模型定义了表示模型中的元素及其结构，遵循统一的元模型，不同模型中的同类元素必定具有相同的含义。架构涉众首先学习表示元模型，从而了解各种建模元素的含义；然后依据元模型审阅表示模型的内容，形成对模型的一致理解。同理，数据元模型也定义了数据模型中的元素及其结构，使用架构数据的系统只要依据该元模型来解析架构数据，就能完成对数据的正确解读，进而保证互操作的顺畅。综上所述，只要全部涉众和系统遵循统一的元模型，就能保证理解的一致性和系统的互操作性。

本书提出的智能化体系架构设计框架，也采用 DoDAF 的元模型对设计模型和数据进行统一规范的描述。各视角的元模型定义如下。

1. 全视角元模型

全视角从全局角度说明体系架构设计的目的背景、架构愿景、概念定义以及术语分类。其主要包括背景、架构愿景、主题、概念以及术语等元素的定义和元素间的关系约束描述。在智能化体系架构开发过程中，对运行视角、信息活动视角、能力视角、智能视角等其他视角起到总体指导和约束作用。支持上述全视角描述内容的逻辑数据模型如图 2 - 4 所示。

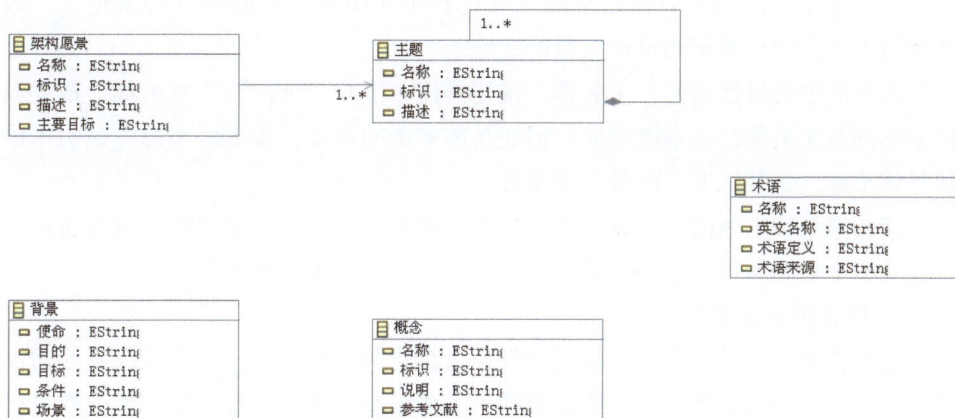

图 2 - 4　全视角元模型

（1）背景。背景主要描述体系架构的背景条件。

背景的主要属性包括：①使命，明确架构支持的典型使命和任务；②目的，描述架构设计的主要目的，即希望通过架构设计解决的问题和发挥的作用；③目标，描述架构设计最终要达到的目标或取得的成果；④条件，描述架构设计前提条件，包括架构现状、设计依据、假设条件、制约因素、设计质量考核要求等；⑤场景，描述体系架构设计需求产生的条件，包括环境、时间、地点、空间等。

（2）架构愿景。架构愿景是体系架构在未来一段时间内的预期状态或目标状态。

架构愿景的主要属性包括：①名称，说明体系架构设计愿景的名称；②标识，为每个架构设计愿景定义一个唯一标识；③描述，对架构愿景的具体描述和解释；④主要目标，说明架构设计要达到的主要目标，如"使多部门对战场态势认知过程达成一致理解"。

（3）主题。主题可以理解为体系设计依据设计内容（如功能域）划分的部分。

主题的主要属性包括：①名称，说明具体设计主题的名称；②标识，定义具体设计主题的唯一标识；③描述，对设计主题的内容进行具体描述和解释。

（4）概念。概念是对体系架构中涉及的、新提出的业务、运行、技术等方面概念进行解释、定义和描述。

概念的主要属性包括：①名称，描述具体概念的名称；②标识，定义具体概念的唯一标识；③说明，对具体概念使用富文本的方式进行解释说明；④参考文献，描述概念参考引用的具体文献。

（5）术语。术语是对体系架构设计过程中应用到的公共名词的阐述。一致的术语方便不同体系架构设计人员的交流。

术语的主要属性包括：①名称，描述具体术语的名称；②英文名称，描述具体术语的英文名称；③术语定义，描述具体术语的定义；④术语来源，说明术语的具体来源，如某标准、辞典、书籍等。

架构愿景和主题两个模型元素之间的主要关系：①一个架构愿景可以通过一个或者多个主题表示；②一个主题可以包含一个或者多个子主题。

2. 能力视角元模型

能力视角把体系的总体目标愿景设计为量化的效果要求，主要从体系能力需求角度，描述能力分类模型、能力与活动关系模型、能力依赖关系、能力效果模型等，主要包括能力、能力关系、活动、活动效果、效果属性、度量方法、阶段、衡量标准、实现方法等元素的定义和元素间的关系约束描述。支持上述能力视角描述内容的逻辑数据模型如图 2-5 所示。

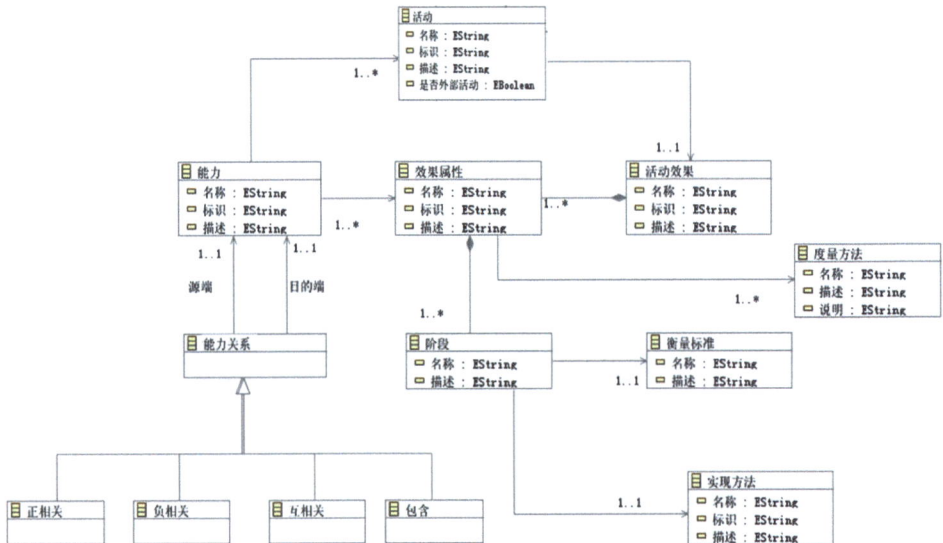

图 2-5 能力视角描述内容的逻辑数据模型

1）能力视角元模型元素的定义及属性

（1）能力。能力是指在特定标准和条件下，通过多种方法和手段执行任务所能达成预期效果的本领。能力是一种主观的期望，反映的是"能不能干"，或"能不能干好"的条件。

能力的主要属性包括：①名称，说明具体能力的名称；②标识，定义能力的唯一标识；③描述，对能力的含义进行解释说明。

（2）能力关系。能力关系是指能力之间的相互关系，具体包括四种关系：正相关、负相关、互相关和包含。

（3）活动。活动是指为完成使命联合起来完成任务职能的动作总和。

活动的主要属性包括：①名称，说明具体活动的名称；②标识，定义活动的唯一标识；③描述，对活动的具体含义和要求进行解释说明；④是否外部活动，对活动是否包含为本体系的活动的描述。

（4）活动效果。活动效果是指活动产生的状态或影响。

活动效果的主要属性包括：①名称，说明具体效果的名称；②标识，定义效果的唯一标识；③描述，对效果的具体含义和要求进行解释说明。

（5）效果属性。效果属性是指效果在不同活动或不同条件下的具体状态和影响。

效果属性的主要属性包括：①名称，说明具体效果属性的名称；②标识，定义效果属性的唯一标识；③描述，对效果属性的具体含义和要求进行解释说明。

（6）度量方法。度量方法是指度量效果的一种或多种方法。

度量方法的主要属性包括：①名称，说明度量方法的名称；②描述，对度量方法进行详细阐述；③说明，对度量方法的具体执行进行补充说明。

（7）阶段。阶段是指能力增量发展的阶段时间。

阶段的主要属性包括：①名称，说明阶段的名称；②描述，对阶段的详细阐述。

（8）衡量标准。衡量标准是指衡量效果的指标标准。

衡量标准的主要属性包括：①名称，说明衡量标准的名称；②描述，对衡量标准的详细阐述。

（9）实现方法。实现方法是指实现能力效果应采取的一种或多种可能的方法。

实现方法的主要属性包括：①名称，说明实现方法的名称；②标识，定义实现方法的唯一标志；③描述，对实现方法的详细阐述。

2）能力视角包含的模型元素之间的主要关系

（1）一个能力通过一种或多种能力关系（包含、正相关、负相关、互相关）与另一个能力关联。

（2）每个能力关联了多个活动，并通过活动产生了一个或多个效果属性，每个效果属性都隶属于一个活动效果。

（3）每个效果属性可通过一种或多种方法进行度量；每个效果可以通过多个阶段来实现，每个阶段有一种或多种实现方法和衡量标准。

3. 运行视角元模型

运行视角是架构的核心视角，是架构设计的主要输出成果，重点描述任务执行的过程与约束条件，以及任务完成的组织编组以及协作关系，主要包括任务活动、任务节点、组织、任务规则、信息、资源流、活动状态、状态转移、事件、任务等元素的定义和元素间的关系约束描述。支持上述标准规范视角描述内容的逻辑数据模型如图 2 - 6 所示。任务能够进行分解，并由组织执行，可分解为活动，并在一定运行规则下由任务节点执行，活动之间交互信息构成资源流，不同事件驱动下可以进行活动转移。

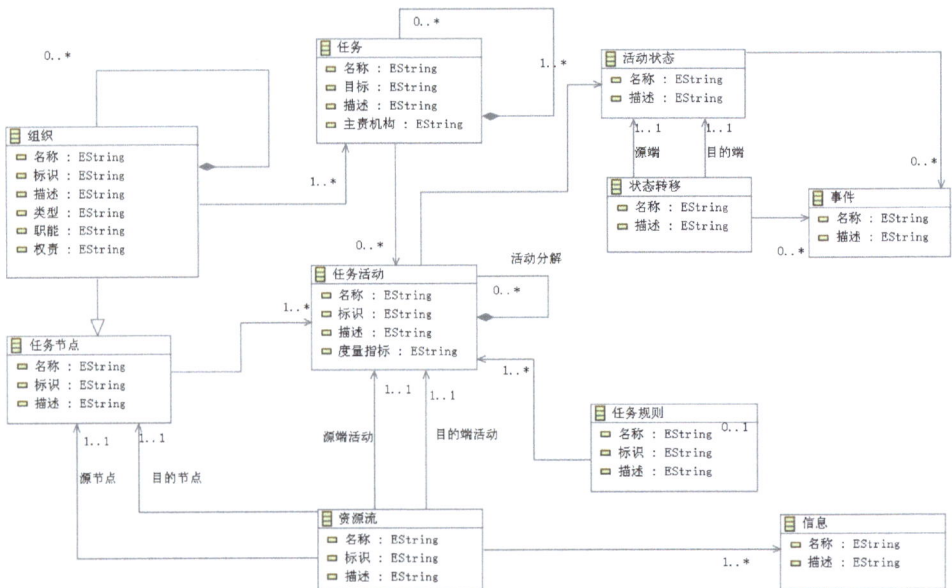

图 2 - 6　运行视角元模型

（1）任务活动。任务活动是由单一对象执行的，改变自身或相关实体状态的作业或行为。

任务活动的主要属性包括：①名称，活动的名称；②标识，活动的唯一标识；③描述，对活动的文字说明；④度量指标，评价活动运行好坏的指标（集）。

（2）任务节点。任务节点是参与活动的各级组织或实体单元。

任务节点的主要属性包括：①名称，任务节点的名称说明；②标识，任务节点的唯一标志定义；③描述，任务节点的使命任务、构成等方面的说明。

（3）组织。组织是构成组织管理体系的基本单位。组织具备一定的职能，指挥/组织、管理、控制一定的资源来完成特定的任务。

组织的主要属性包括：①名称，组织的名称说明；②标识，组织的唯一标志定义；③描述，对组织的说明；④类型，说明组织所属的类型；⑤职能，对组织的职能进行定义和描述，职能主要指在一定的职务上应该而不能推卸的执行事务的责任；⑥权责，对组织的权责进行定义和描述，权责主要指执行事务时有权力、权柄，在职责范围内具有支配和指挥的力量。

（4）任务规则。任务规则定义活动执行过程中应该遵循的各种规则。

任务规则的主要属性包括：①名称，任务规则的名称描述；②标识，任务规则的唯一标识；③描述，对任务规则的详细描述。

（5）信息。信息是指活动或运行节点之间通过资源流传递的信息等。

信息的主要属性包括：①名称，信息的名称描述；②描述，对信息的详细说明。

（6）资源流。资源流是指活动或运行节点之间进行各类资源交互的流程。

资源流的主要属性包括：①名称，资源流的名称的定义；②标识，资源流的唯一标识描述；③描述，对资源流传递信息的要求、约束、内容等的说明。

（7）活动状态。活动状态说明活动执行过程中相对静止或等待某些事件时的条件，开始状态和结束状态为两个特殊的状态。

活动状态的主要属性包括：①名称，活动状态的名称；②描述，对活动状态的说明。

（8）状态转移。状态转移描述两个状态之间的关系，在达到某些条件的情况下，描述任务从当前状态进入下一状态。

状态转移的主要属性包括：①名称，状态转移的名称的定义；②描述，对状态转移的详细说明。

（9）事件。事件说明执行过程中能产生状态或条件变化的特定行为、动作。在一个活动状态中，可以分为前置事件（进入活动状态立即执行的时间）和后置事件（从活动状态退出前执行的事件）。

事件的主要属性包括：①名称，事件的名称；②描述，对事件的说明。

（10）任务。任务是有组织、有意图、有目标要求的一系列活动所实现的行为的统称。一项任务可以包含多项活动。

任务的主要属性包括：①名称，任务的名称；②目标，任务所要实现的目标；③描述，对任务的执行过程进行概要的描述；④主责机构，对负责任务执行的主要机构。

4. 信息活动视角元模型

信息活动视角从系统无关的角度描述体系合理的、恰当的信息加工处理过程，以支持体系使命任务的实现。描述内容主要包括信息活动、活动过程、输入界面、输出界面、信息、信息类别、信息流、信息端、功能、运作流程、泳池、泳道等元素定义和元素间的关系约束描述。支持上述信息活动视角描述内容的逻辑数据模型如图 2-7 所示。

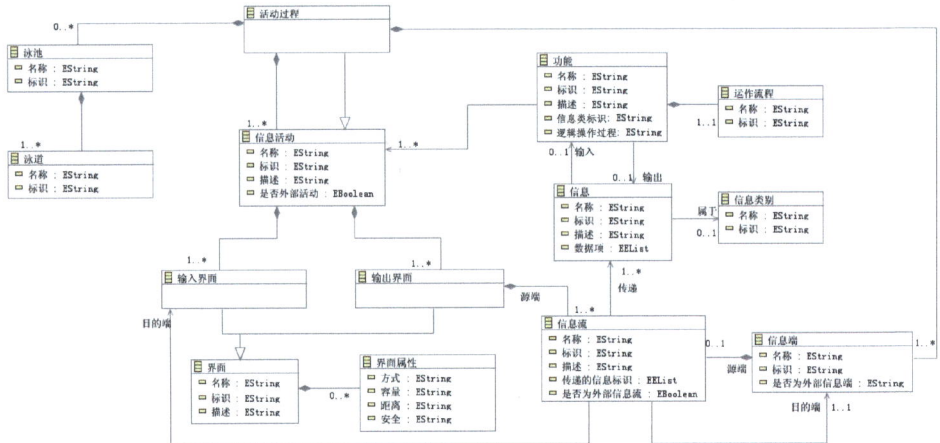

图 2-7　信息活动视角元模型

1）信息活动视角包含的主要模型元素

（1）信息活动。信息活动是指个体利用信息获取利益的行为。其表现为信息源、信息受体和信息本体之间的相互作用，包括探测、识别、传输、表示、存储、控制、构造、传播、思维、决策等。

信息活动的主要属性包括：①名称，说明具体信息活动的名称；②标识，定义信息活动的唯一标识；③描述，对信息活动的含义进行解释说明；④是否外部活动，对信息活动的边界进行说明。

（2）活动过程。活动过程是指为特定结果而采取的一系列有序活动，包括活动的动作、活动的模式、活动的流程和活动的交互方式。

（3）输入界面。输入界面是指广义的资源流入或信息输入，其关注的是交互的模式，通常不涉及实现方法。

输入界面的主要属性包括：①名称，说明具体输入界面的名称；②标识，定义输入界面的唯一标识；③描述，对输入界面的作用的内涵进行解释说明。

（4）输出界面。输出界面是指广义的资源流出或信息输出，其关注的是交互的模式，通常不涉及实现方法。输出界面的属性和输入界面要一致。

（5）信息。信息是对事物意义的表述，存在信号、符号、知识和定式四种形态。

信息的主要属性包括：①名称，说明具体信息的名称；②标识，定义信息的唯一标识；③描述，对信息的含义进行解释说明；④数据项，对信息包含的数据项进行定义和说明。

（6）信息类别。信息类别是指对信息的分类。

信息类别的主要属性包括：①名称，说明信息分类所属的名称；②标识，定义信息分类的唯一标识。

（7）信息流。信息流是指一个或多个信息或信息类别在活动之间的流向。

信息流的主要属性包括：①名称，说明信息流的名称；②标识，定义信息流的唯一标识；③描述，对信息流的含义和内容进行解释说明；④传递的信息标识，描述信息流上传递的信息集合，包含每个信息的名称和标识；⑤是否为外部信息流，对信息流的边界进行定义。

（8）信息端。信息端是指输入信息的源端或者输出信息的目的端。

信息端的主要属性包括：①名称，说明信息端的名称；②标识，定义信息端的唯一标识；③是否为外部信息端，对信息端的边界进行定义。

（9）功能。功能是指产品按照设计或设想的方式所起到的作用，是产品的天然属性，是产品价值的重要组成部分。

功能的主要属性包括：①名称，说明具体功能的名称；②标识，定义活动的唯一标识；③描述，对功能的含义和作用进行解释说明；④信息类标识，说明功能生成的信息类/信息；⑤逻辑操作过程，对功能进行信息加工处理的过程。

（10）运作流程。运作流程是指行为活动的逻辑操作步骤（完成特定功能所有操作的总和，不是具体的功能设备或工具的技术实现方案）。

运作流程的主要属性包括：①名称，说明运作流程的名称；②标识，定义运作流程的唯一标识。

（11）泳池。泳池表示一个领域或业务。

泳池的主要属性包括：①名称，说明泳池的名称；②标识，定义泳池的唯一标识。

（12）泳道。泳道表示一个部门或下一级领域。

泳道的主要属性包括：①名称，说明泳道的名称；②标识，定义泳道的唯一标识。

2）信息活动视角包含的模型元素之间存在的主要关系

从图 2 - 7 可以看出，信息活动视角包含的模型元素之间存在的主要关系如下。

（1）活动包含一个或多个输入界面和输出界面，以实现对信息的输入和输出。

（2）信息流连接了信息的源端（输出界面或信息端）至目的端（输入界面或信息端），实现了对信息的传递。

（3）每个信息类别包含多个信息，每个信息都有一个唯一的类别。

（4）活动包含了一种或多种信息变化，每种信息变化最终都有一个或多个信息功能来实现，每个功能将包含一个运作流程。

（5）不同领域（用泳池表示）的多个部门（用泳道表示）通常具有多个活动的协作关系。

5. 标准规范视角元模型

标准规范视角描述约束智能化体系建设、规范智能化体系运用的标准、规范、条令、条例、规则等。其主要包括标准、分类、体系资源和规则等元素的定义和元素间的关系约束描述。支持上述标准规范视角描述内容的逻辑数据模型如图 2 - 8 所示。

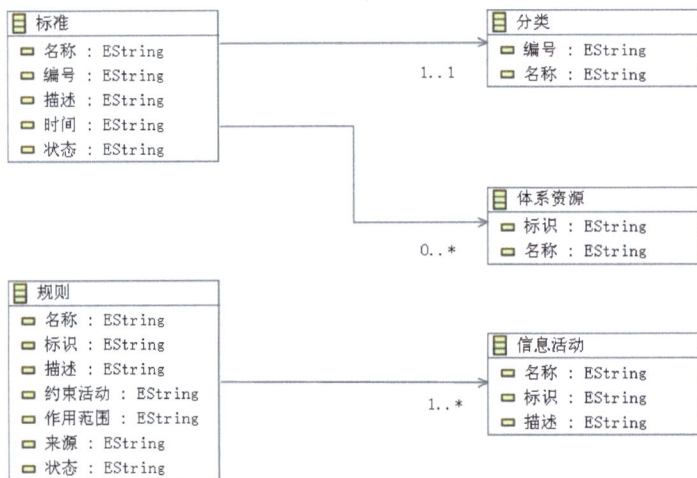

图 2 - 8　标准规范视角元模型

1）标准规范视角包含的主要模型元素

（1）标准。标准是规范信息架构中相关活动或元素的统一规程、条例等，可分为强制性标准规范和非强制性标准规范。

标准的主要属性包括：①名称，标准的名称；②编号，如果是已有标准，说明标准对应的标准编号；③描述，简要说明标准内容；④时间，标准适用的时间范围，适用时间可结合使用对象说明，如某标准对具体对象的使用的时间；⑤状态，标准目前所处的状态，可分为已有、在建和待建等。

（2）分类。分类是对标准按照特定视角的分类。

分类的主要属性包括：①编号，说明标准类别的编号；②名称，说明标准分类的名字定义。

（3）体系资源。体系资源是体系架构设计过程中涉及的各类资源。

体系资源的主要属性包括：①标识，说明体系资源的唯一标识；②名称，说明体系资源的名称等。

（4）规则。规则是对不同活动需要遵循的规则描述。

规则的主要属性包括：①名称，说明规则的名称；②标识，说明规则的唯一标识编号；③描述，对规则进行解释和说明；④约束活动，说明规则约束的范围，该活动和运行视角中的活动应保持一致；⑤作用范围，对该规则的作用范围进行解释说明；⑥来源，说明该规则的出处，可以是组织或者任务节点；⑦状态，描述规则当前所处的状态，是在论证阶段还是在实施阶段等。

2）标准规范视角包含的模型元素之间存在的主要关系

（1）一个标准规范属于一个特定类型的分类。

（2）一个标准规范涉及特定的体系资源。

（3）一个规则可以针对一个或多个信息活动的约束。

6. 技术视角元模型

技术视角主要从智能化体系技术需求角度，描述技术参考模型、技术展望模型、能力技术关系表、技术路线图等。其主要包括技术分类、技术分类结构关系、技术接口、技术、技术发展预测、活动、活动与能力关系、能力与技术关系、能力等元素的定义和元素间的关系约束描述。支持上述技术视角描述内容的逻辑数据模型如图 2-9 所示。

技术视角包含的主要模型元素如下。

（1）技术分类。技术分类主要按照技术特性或应用层次对技术进行分类或分层。技术分类的原则可以按照技术领域分类，也可以根据具体技术体制的特点分类。

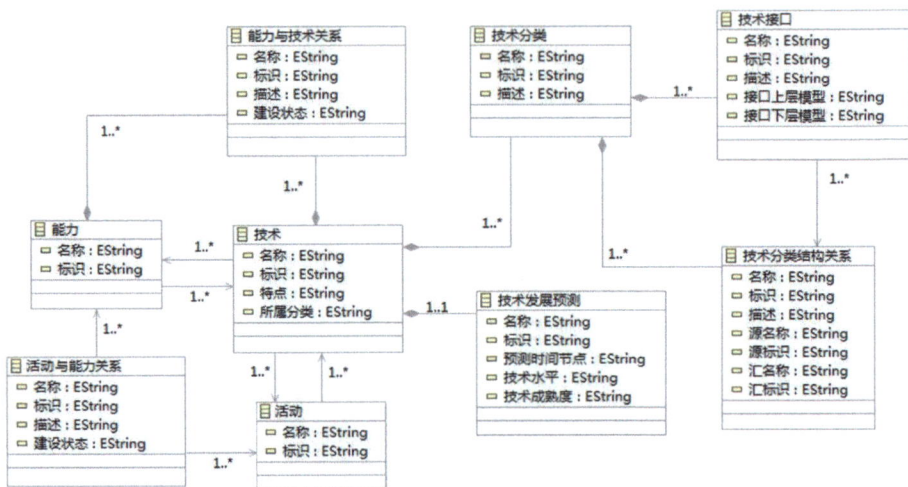

图 2 - 9 技术视角元模型

技术分类的主要属性包括：①名称，技术分类模型的名称；②标识，技术分类的唯一标识；③描述，简要说明技术分类的特点。

（2）技术分类结构关系。技术分类结构关系描述技术分类以及技术接口的组成结构关系。

技术分类结构关系的主要属性包括：①名称，技术分类结构关系的名称；②标识，技术分类结构关系的唯一标识；③描述，简要说明技术分类结构关系的特点；④源名称，关系起点对应的技术分类名称；⑤源标识，关系起点对应的技术分类标识；⑥汇名称，关系终点对应的技术分类名称；⑦汇标识，关系终点对应的技术分类标识。

（3）技术接口。技术接口主要描述不同技术分类模型之间的接口关系。

技术接口的主要属性包括：①名称，技术接口的名称；②标识，技术接口的唯一标识；③描述，简要描述技术接口的特点；④接口上层模型，技术接口上层的技术分类；⑤接口下层模型，技术接口下层的技术分类。

（4）技术。技术是对支持体系建设、运用的技术体制的描述。

技术的主要属性包括：①名称，技术的名称；②标识，技术对应的唯一标识；③特点，简要说明技术的特点；④所属分类，所属技术领域或技术分类的名称。

（5）技术发展预测。技术发展预测是描述未来时间段或时间点技术的发展水平。

技术发展预测的主要属性包括：①名称，技术的名称；②标识，技术的唯一标识；③预测时间节点，被预测的关键时间节点；④技术水平，在预测时间节点上，技术预计达到的水平，如关键性能指标等；⑤技术成熟度，说明在预测时间节点上，技术是否成熟，是否达到应用水平等。

（6）活动。活动是指活动名称和标识。更多属性可参见运行架构中对活动的定义。

（7）活动与能力关系。活动与能力关系是指活动与能力之间的关联关系。

活动与能力关系的主要属性包括：①名称，活动与能力关系的名称；②标识，活动与能力关系的标识；③描述，对活动与能力关系的简要描述；④建设状态，表明活动与能力关系是否实现。

（8）能力与技术关系。能力与技术关系是指能力与技术之间的关联关系。

能力与技术关系的主要属性包括：①名称，能力与技术关系的名称；②标识，能力与技术关系的标识；③描述，对能力与技术关系的简要描述；④建设状态，表明能力与技术关系是否实现。

7. 系统视角元模型

系统视角支持智能化体系完成任务的系统组成、系统结构、系统功能及其演化过程。其目的是为系统规划和建设提供依据。其主要包括系统功能描述模型、系统组成模型、系统信息交互模型、系统关键性能描述模型、系统与能力映射关系、系统与活动映射关系等。系统视角主要包括功能、系统、系统组成/分类关系、接口、交换关系、能力生成结构、活动节点、系统与活动关系、性能指标、能力、系统与能力关系等元素的定义和元素间的关系约束描述。支持上述系统视角描述内容的逻辑数据模型如图 2-10 所示。

（1）功能。功能是指产品按照设计或设想的方式所起到的作用，是产品的天然属性，是产品价值的重要组成部分。

功能的主要属性包括：①名称，系统功能的名称；②标识，系统功能的唯一标识；③描述，系统功能的简要说明；④基本要求，简要说明系统功能具备的基本功效以及相关约束条件。

（2）系统。系统描述支持智能化体系完成承担业务活动的系统组成、系统结构以及系统具备的功能和演化过程。

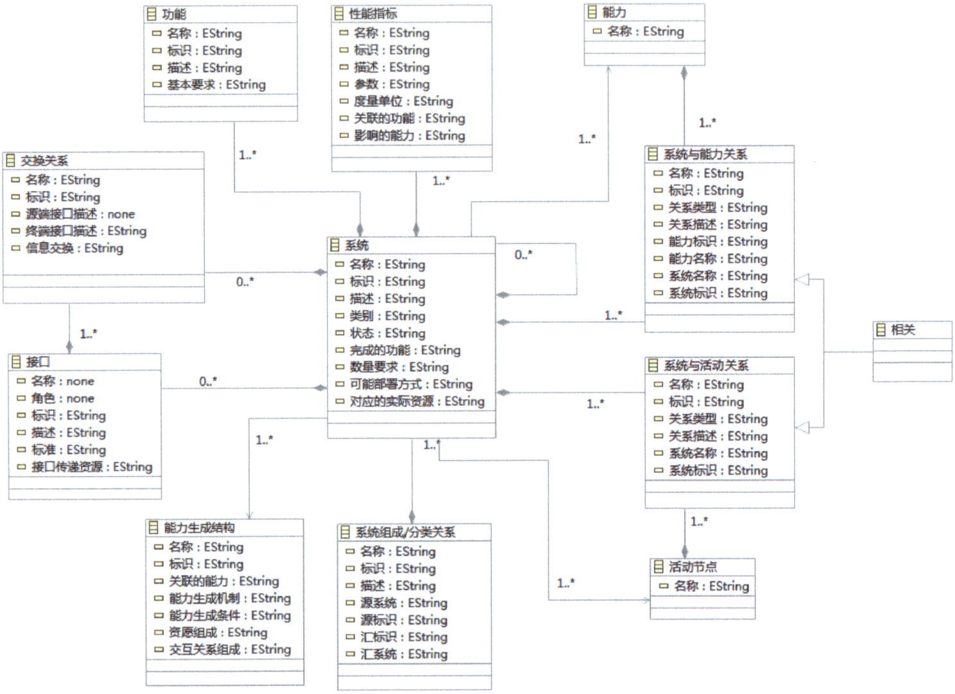

图 2 – 10　系统视角元模型

系统的主要属性包括：①名称，系统的名称；②标识，系统的唯一标识；③描述，简要说明系统的使用场景、作用、要求等；④类别，描述系统所属的类别（系统类别按照某种原则划分）；⑤状态，如果细化到某个具体系统，需要描述该属性，系统所属的状态可分为已有、在建和待建等；⑥完成的功能，系统应该具备的或提供的功能集，来自 SV – 1 中的功能；⑦数量要求，体系中需要该类系统的数量，该内容可以在典型场景或任务对系统数量需求分析的基础上综合得到；⑧可能部署方式，该类系统在体系中可能的部署情况与要求；⑨对应的实际资源，必要时可指出该类系统对应的实际系统名称。可能存在多个对应的实际系统。

（3）系统组成/分类关系。系统组成/分类关系用于描述智能化体系中支持各项活动的系统分类与组成，其目的是为体系中系统规划和建设提供指导和决策支持。

系统组成/分类关系的主要属性包括：①名称，系统关系的名称；②标识，系统关系的唯一标识；③描述，关系的简要说明；④源系统，关系起点对应的系统名称；⑤源标识，关系起点对应的系统标识；⑥汇标识，关系终点对应的系统标识；⑦汇系统，关系终点对应的系统名称。

（4）接口。接口是指不同视角之间的通信规则。

接口的主要属性包括：①名称，接口的名称；②角色，接口的角色类型；③标识，接口的唯一标识；④描述，接口的简单描述；⑤标准，接口遵循的标准、协议；⑥接口传递资源，主要描述资源的类型、资源的基本要求、资源的相关指标等。

（5）交换关系。交换关系是指双方进行信息交换以满足各自需求的关系。

交换关系的主要属性包括：①名称，交互关系的名称；②标识，交互关系的唯一标识；③源端接口描述，系统交换关系源端接口的名称；④终端接口描述，系统交换关系终端接口的名称；⑤信息交换，描述系统交互关系中传输的信息。

（6）能力生成结构。能力生成结构是指系统中生成能力的方式，如关联能力、资源组成等。

能力生成结构的主要属性包括：①名称，能力生成结构的名称；②标识，能力生成结构的唯一标识；③关联的能力，关联能力的名称，来源于能力架构或通用能力清单；④能力生成机制，简要描述该结构生成能力的过程或机制；⑤能力生成条件，简要说明该结构生成能力的条件，如遵循规则、设施环境要求、人力资源要求等；⑥资源组成，描述该能力生成结构中包含的资源，可以是系统和人力资源，并列出资源的唯一标识，同时说明资源的调用方式，如是实地部署还是服务化调用等；⑦交互关系组成，描述该能力生成结构中包含的交换关系，列出交互关系的唯一标识。

（7）活动节点。活动节点来自信息活动元模型或运行视角元模型，详见相关描述。

（8）系统与活动关系。系统与活动关系是指系统与其支撑的活动之间的关联关系。

系统与活动关系的主要属性包括：①名称，系统与活动关系名称；②标识，系统与活动关系标识；③关系类型，关系所属的类型，描述系统对活动执行的支持作用，如必须、关键、可替代、不支持等；④关系描述，系统与活动关系的简要说明；⑤系统名称，关联的系统的名称；⑥系统标识，关联的系统的标识。

（9）性能指标。性能指标是指系统功能好坏的评判标准。

性能指标的主要属性包括：①名称，性能指标的名称；②标识，性能指标的唯一标识；③描述，性能指标的简要说明；④参数，性能指标的具体参数值；⑤度量单位，指标对应的度量单位；⑥关联的功能，性能指标关联的系统功能名称；⑦影响的能力，与性能指标相关的能力名称，可以是多个能力。

（10）能力。能力来自能力视角的能力分类模型（CV-2）或体系能力分类。

（11）系统与能力关系。系统与能力关系是系统与其支撑的能力之间的关联关系。

系统与能力关系的主要属性包括：①名称，系统与能力关系名称；②标识，系统与能力关系标识；③关系类型，关系所属的类型，描述系统对能力的支持程度，如必须、关键、可替代、不支持等；④关系描述，简要说明系统与能力的关系；⑤能力标识，关系关联能力的标识；⑥能力名称，关系关联能力的名称；⑦系统名称，关系关联系统的名称；⑧系统标识，关系关联系统的标识。

8. 智能视角元模型

智能视角主要从智能的角度支持体系建设，描述完成特定任务所必要的智能化规则及被规则约束的智能化运行节点、智能组织机构和智能化运行活动。模型包括动态编排规则模型、组织协调规则模型、任务协同规则模型。其主要包括智能规则名称、智能规则描述、智能规则影响范围、约束的任务活动、约束的任务节点、约束的组织机构等元素的定义和元素间的关系约束描述。支持上述系统视角描述内容的逻辑数据模型如图 2-11 所示。

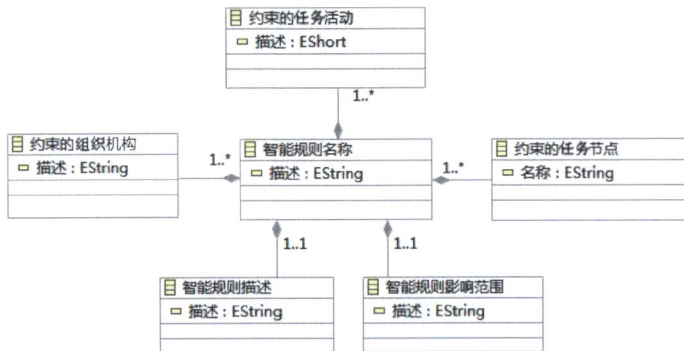

图 2-11 智能视角元模型

（1）智能规则名称：说明具体的智能规则的名称。

（2）智能规则描述：描述智能化体系中，涉及的节点、活动、组织以及它们之间的关联关系应遵循的各种智能规则。

（3）智能规则影响范围：描述智能化运行规则应用的运行样式、想定等。

（4）约束的任务活动：受智能规则约束的各个运行活动。

（5）约束的任务节点：受智能规则约束的各个运行节点。

（6）约束的组织机构：受智能规则约束的各个组织。

2.4　智能化体系架构的设计流程

2.4.1　智能化体系架构的设计步骤

智能化体系架构的设计框架给出了描述面向智能化体系架构的基本形式和角度。但本质上，这些体系架构产品只是组成体系架构的复杂数据及数据关系的一种可视化表现方式。实际上，只有体系架构数据才能真正定义体系架构的各种属性。而且，对于不同的体系架构产品来说，它们所包含的数据元素之间往往会存在某种制约关系（如对于在不同体系架构产品中出现的同一数据元素来说，必须保证数据的一致性），不同体系架构产品之间并不是独立存在的，而是存在着千丝万缕的联系。为了保证架构设计中各模型相关内容的一致性，还应当在数据这一层上限制、规范和约束体系架构信息的描述。另外，同一个数据元素常常会出现在不同的产品中，信息描述的一致性贯穿系统体系架构设计的始终，要保持全生命周期系统架构设计的一致性，就必须充分考虑体系架构数据之间的约束和关联关系。

因此，从面向智能化体系架构设计的角度出发，要保证智能化体系架构设计的规范性，仅有智能化体系架构框架是远远不够的。仅仅在表现形式上作规定，无法有效对体系架构中信息的交换、集成、部署和演进等一系列动态过程进行一致、完备的设计，还需给出模型的开发步骤和开发顺序，用以有效地指导体系架构设计人员开展智能化体系架构设计。

智能化体系架构设计步骤如图 2-12 所示，主要包括体系架构节点设计、体系架构能力设计、体系架构活动设计、体系架构系统设计、体系架构关键技术设计、架构分析评估、生成体系架构应用产品等，各部分有机衔接，迭代推进，从而使设计不断完善。

（1）体系架构节点设计。确定设计目的、范围和环境，主要确定设计的背景、描绘架构的未来愿景，完成概念定义和部分术语的确定。本阶段将形成 AV-1、AV-2、AV-3 和 AV-4 等产品。

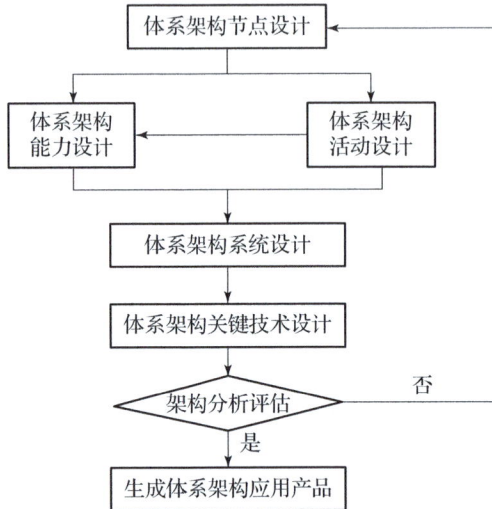

图 2 – 12　智能化体系架构设计步骤

（2）体系架构能力设计。本阶段旨在通过宏观战略发展构想分析，确立高层能力需求，以此为基础设计未来概念和应用场景。本阶段生成 CV – 1 和 OV – 1 等产品。接着在活动设计过程中进一步建立活动与能力的映射，通过活动的效果属性分析，设计能力效果属性，将能力进一步量化并开展能力的演进分析。本阶段生成 CV – 4a 和 CV – 5b 等模型产品。

（3）体系架构活动设计。本阶段依据未来概念和应用场景，对使命任务进行细化分解，对任务、活动或业务进行建模，总结智能化的自组织、可重构任务规则和遵从的约束，并从任务过程、事件执行顺序、节点间协作关系等多个侧面对任务进行细节刻画，旨在本阶段将生成 OV – 2、OV – 5a、OV – 6a、OV – 6b、IAV – 1a、IAV – 3、IAV – 4b、OV – 4、OV – 5b、CV – 4b 等产品，完善 CV – 5a 和 CV – 5b。

（4）体系架构系统设计。本阶段一般是以能力和活动设计的结果为基础，针对能力视角和运行视角提出的需求设计系统。本阶段生成 SV – 1、SV – 2、SV – 5、SV – 6、SV – 4、StdV – 1、StdV – 2 等产品。

（5）体系架构关键技术设计。针对能力和活动提出的需求，设计关键技术。如果缺少能力和活动，可以根据架构设计规划要求开展设计工作。

（6）架构分析评估。待所有产品设计完毕，可以采用静态语法验证或动态仿真验证的方式，开展体系架构的分析评估。若分析得到体系能力不满足架构设计的目标，则返回体系架构节点设计迭代修改；若满足体系的能力目标，则保存当前设计成果。

（7）生成体系架构应用产品。本阶段将保存的体系架构设计成果生成，可以基于专业的体系架构设计工具，以数据化、标准化、规范化的文件生成产品，也可以采用文本、图片等形式生成相应的体系架构应用产品。

在技术推动下，关键技术也可以单独开发。根据技术发展、技术的推动作用，通过对技术发展的分析以及对体系的影响，建立技术视角。一方面，从技术体制上支持现有的体系架构；另一方面，通过技术视角设计，促进能力视角和运行视角的优化与创新。本阶段主要生成 TV－1、TV－2 和 TV－3 的影响模型。

2.4.2　智能化体系架构模型设计顺序

通过梳理分析智能化体系架构包含的视角和模型及它们之间的关系，给出如图 2－13 所示的智能化体系架构设计过程。智能化体系架构的设计是一个逐步细化的过程，可以分为起始、开展、细化和完成四个阶段。每个阶段重点设计的视角模型有所不同。

1. 起始阶段

该阶段的目标是确定智能化体系架构设计的背景、目标、主题等内容。

（1）对全视角进行设计和描述。可依次从 AV－1、AV－2、AV－3 和 AV－4 对智能化体系架构的设计背景、架构愿景、概念、术语进行设计和描述。

（2）战略构想分析。通过宏观战略发展构想分析，确立高层能力需求，以此为基础设计未来概念和应用场景。本阶段生成 CV－1 和 OV－1 两个产品。

（3）针对体系的特点和要求，确定体系架构的基本技术框架，建立技术参考模型（TV－1）。

2. 开展阶段

该阶段的目标是对智能化体系架构运行视角、智能视角、信息活动视角、能力视角、系统视角、技术视角的核心要素进行设计，包括场景、组织关系、任务、过程、信息活动过程、主要能力、能力属性、系统功能等。可从运行视角开始，基于未来概念和场景提取智能视角中的可变点，设计信息活动视角中的信息活动以及交互信息，设计能力视角中的能力以及效果属性，明确系统基本功能，预测核心技术发展等。

（1）运行视角设计。本阶段依据设计概念和应用场景，结合指挥体制和运营维护实践，对指挥体制和编成编组进行分析，对使命任务进行细化分解，对任务、业务流程进行设计，初步形成 OV－2、OV－4、OV－5a 和 OV－5b 等运行视角模型。

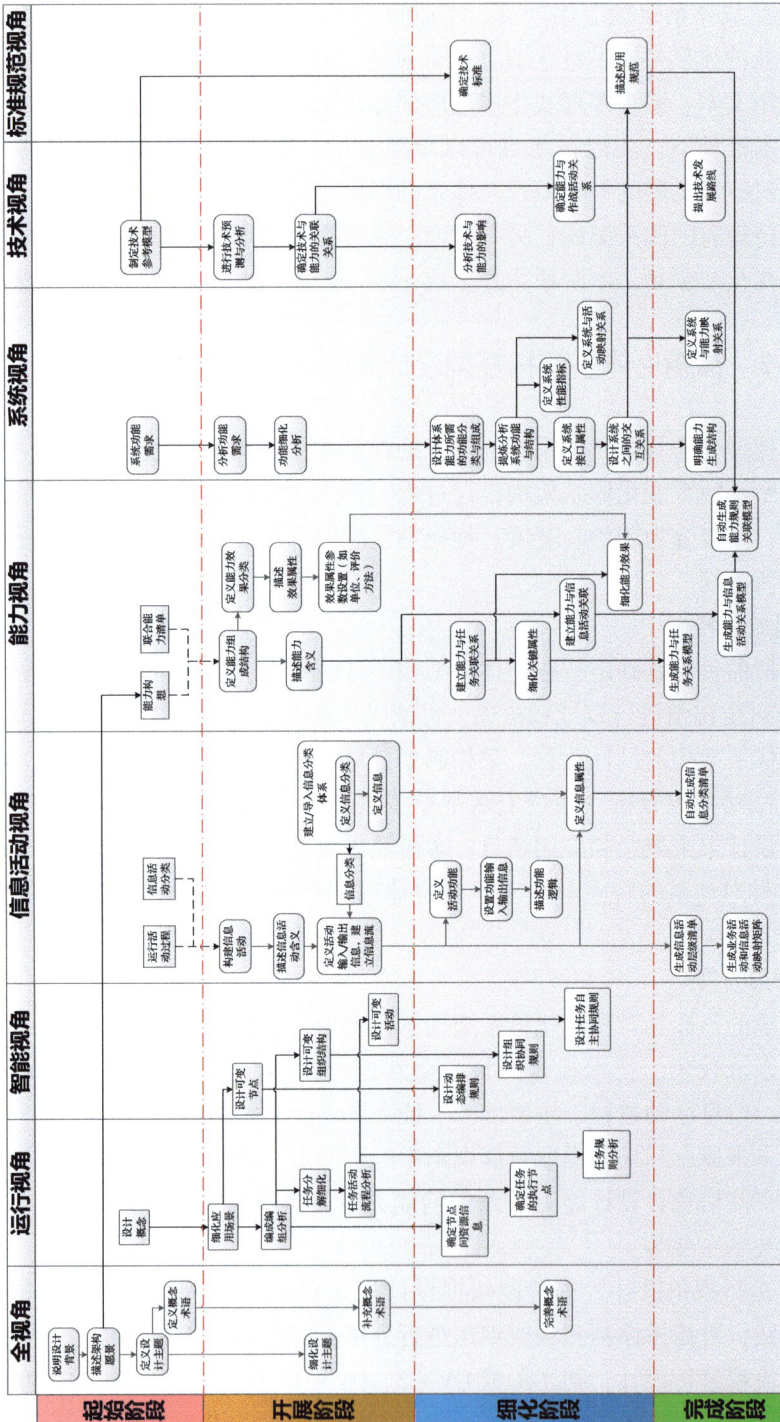

图 2 - 13　智能化体系架构设计过程

（2）智能视角设计。根据运行视角模型设计的运行节点连接关系、组织关系以及任务过程模型等，明确智能视角中涉及可变规则的可变节点、可变组织机构、可变活动，为可变规则的设计打好基础。

（3）信息活动视角设计。

①使用 IAV–4a 和 IAV–4b 定义信息分类及分类包含的具体信息。

②分析 IAV–4b 中信息之间的加工转换关系，即哪些信息经过加工处理转换生成了别的信息，使用 IAV–1a 定义实现信息加工转换的具体信息活动（如融合、分析、发布、保存等活动），对信息活动的含义进行文字性描述。

③描述信息活动的输入信息和输出信息，并使用信息流连接不同的信息活动，使一个信息活动的输出成为另外一个信息活动的输入，生成 IAV–1a。

（4）能力视角设计。

①使用 CV–2 定义信息能力的分类框架，描述能力的含义。信息能力的定义可以参考联合能力清单和能力构想。

②使用 CV–5a 定义能力效果分类（如可靠性、时效性等），并对效果的具体属性和衡量方法进行描述和说明。

（5）系统视角设计。本阶段主要针对体系的特点和要求，基于智能化体系对功能的需求，综合分析系统功能的需求，使用 SV–1 建立系统功能的基本模型。

（6）技术视角设计。本阶段根据体系中应用的关键技术，结合技术发展预测成果，分析体系中关键技术发展的趋势，并预测技术发展的过程和水平，设计技术展望模型（TV–2）。

3. 细化阶段

该阶段对智能化体系架构进行细化设计，并基于开展阶段的设计成果。该阶段对信息转换关系、活动功能、能力效果、系统组成、系统功能、系统性能、节点/关系/流程/规则等进行细化设计。该阶段建议由运行视角开始，基于信息活动视角设计成果定义信息活动视角中的活动功能，定义能力视角中能力在具体活动下的效果要求，并在此过程中分析系统需要的功能和性能，展开对技术、标准规范的建模。

（1）运行视角设计。

①资源流交互关系分析。依据开展阶段使命任务和业务的分析，主要确定任务执行期间节点间资源流的交互关系和资源流的交互内容，生成 OV–4。

②确定任务的执行节点，从任务过程、状态转换、事件执行顺序和事件同步要求、节点间协作关系和要求等多个侧面对任务进行细节刻画，生成 OV–5b。

③树立总结任务规则和遵从的约束，生成 OV – 6a 和 OV – 6b。

（2）智能视角设计。

①根据开展阶段明确的可变节点，采用 INV – 1 设计动态编排规则模型。

②根据开展阶段明确的可变组织机构，采用 INV – 2 设计组织协调规则模型。

③根据开展阶段明确的可变活动，采用 INV – 3 设计任务自主协同规则模型。

（3）信息活动视角设计。

①对于 IAV – 1a 中定义的每个信息活动，明确其源信息和生成信息，设计人员在此基础上对信息之间的加工转换关系进行设计并完善，需要使用 IAV – 4b 对信息的属性进行细化定义。

②在定义了信息活动的信息转换关系后，可使用 IAV – 5 定义信息活动的功能，一个功能可实现部分或全部的信息加工转换关系。

③基于 IAV – 1a 可获取信息活动名称、标识等信息，设计人员在此基础上对信息层级进行设计完善，生成信息活动清单（IAV – 3）。

④综合分析任务活动与信息活动的关联关系，使用 IAV – 6 描述任务活动与信息活动的关联映射。

（4）能力视角设计。

①基于 CV – 2 定义的能力分类，使用 CV – 4a 描述和分析能力与任务之间的支撑关系，细化能力对任务的支撑关系属性信息。

②基于 CV – 2 定义的能力分类，使用 CV – 4b 描述和分析能力与信息活动之间的关联关系，找出体系的关键信息能力。

③基于能力与任务关系模型（CV – 4a），使用 CV – 5a 描述能力效果，定义该能力在具体任务下的效果要求，生成 CV – 5b。

④综合分析能力之间的关联关系，使用 CV – 3 描述能力之间的依赖关系。

（5）系统视角设计。

①基于建立的系统功能基本模型，不断细化系统功能，定义系统功能之间的关系，建立系统功能描述模型（SV – 4）。

②综合分析系统功能，建立系统分类与组成关系，并将系统功能分配给各类系统，建立系统组成模型（SV – 1）。

③在 SV – 1 的基础上，分析系统的作用以及系统完成的功能，定义系统输入/输出接口及其类型，定义接口规范，包括数据规范、接口协议或标准，建立系统信息交互模型（SV – 2）和系统关系矩阵（SV – 3）。

④在 SV – 1 的基础上，分析系统的作用以及系统完成的功能，提出系统性能

指标，设计系统性能描述模型（SV‑7）。

⑤在 SV‑1 的基础上，分析系统完成的功能与活动的关系数据，建立系统与活动映射关系（SV‑6）。

⑥结合典型场景和任务，分析系统在体系能力生成中的作用，设计支持能力生成系统之间可能存在的交互关系。

（6）技术视角设计。本阶段主要针对关键技术可能的运用模式和技术发展，分析关键技术对能力的支持作用和影响，建立技术对能力的模型影响（TV‑3）。

（7）标准规范视角设计。

①在技术参考模型的指导下，根据技术领域分类和应用的关键技术，分析并选择技术标准，建立技术标准列表（StdV‑1）。

②根据系统、系统接口、系统交互关系等数据，细化这些内容需要遵循的技术标准，提出与系统相关的技术标准集，建立应用规范列表（StdV‑2）。

4. 完成阶段

该阶段基于之前三个阶段设计的模型，自动生成信息活动视角、能力视角、系统视角、技术视角和标准规范视角等模型，最终完成智能化体系架构设计的全部内容。

（1）信息活动视角设计。根据信息活动清单（IAV‑3），生成任务活动与信息活动映射（IAV‑6）、信息清单（IAV‑4b）、补充设计活动功能模型（IAV‑5）。

（2）能力视角设计。基于前几个阶段的设计，生成能力与任务关系模型（CV‑4a）、能力与活动关系模型（CV‑4b）。

（3）系统视角设计。根据系统之间的交互关系，形成能力生成的基本结构，并说明通过保证能力生成的机制和约束条件，建立系统信息交互模型（SV‑2），生成系统与能力映射关系模型（SV‑5）。

（4）技术视角设计。根据技术的发展预测、技术对能力和系统的影响分析，分析关键技术的特性、新技术的机理和新方法及其在体系中的运用模式，确定技术发展策略，设计技术发展路线图模型（TV‑4）。

（5）标准规范视角设计。依据设计的技术和应用标准规范，结合体系的整体设计结果，描述标准规范演化（StdV‑3）。

2.5　基于可变性的体系自组织可重构设计技术

由于智能化体系的资源自组织、任务可重构的智能动态特征，将基于可变性的软件设计方法引入智能化体系设计方法，并基于可变性给出体系的自组织可重构的关键设计技术。

基于可变性的体系可重构设计技术，可以实现智能化体系的可重构。在该技术中需要分析体系架构模型的可变性，首先找出智能化体系模型中的可变点，提供可重构设计方法；其次找出体系中需要统一标准化的接口，设计互联、互通的一致性接口和标准协议等；最后可通过仿真评估手段，对不同重构方案进行分析比对，可得到最优重构方案。

2.5.1　体系架构模型可变性设计理论

参考软件产品线中的可变性设计智能化体系架构模型的可变性，软件产品线是指具有一组可管理的公共特性的软件密集型系统的合集，这些系统满足特定的市场需求或任务需求，并且按预定义的方式从一个公共的核心资产集开发得到，目的是快速为用户定制满足需求的软件产品。软件产品线的可变性是应用产品的独特功能和特定需求，随着产品的不同而变化。可变性是指软件产品在其生命周期中，对某些点具有改变自身行为的能力。一个可变性模型需要描述可变点、变体、可变性依赖和可变性约束。将其思想应用至体系可重构设计，定义如下所述。

（1）可变点：体系架构模型中可能发生变化的节点，如兵力编配变化、武器装备工作状态变化等。

（2）变体：该可变点发生变化的不同选择，如协同侦察可由侦察卫星、无人侦察机、侦察船等多种侦察力量组成。

（3）可变性依赖：该可变点与其可变体的选择关系，如强制、可选、多选等。

（4）可变性约束：体系架构模型节点之间不确定的依赖关系，如信息通联关系变化、信息传输方向变化等。

可重构体系的可变性概念数据模型如图 2-14 所示。

（1）变体与可变点通过可变性依赖关联，一个变体可以与一个或多个可变点关联。

（2）每个可变点至少与一个可变性关联，当然还可以与一个变体集合相关联。

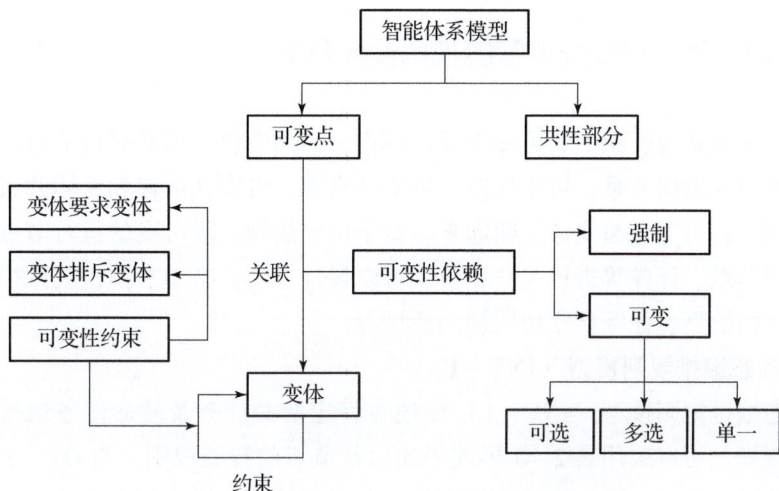

图 2 - 14 可重构体系的可变性概念数据模型

（3）变体和可变点在裁剪或绑定时，需在可变性约束关系的限制下进行体系重构。

（4）每个可变点和变体都有唯一标识，每个可变点都设置默认的变体，默认变体须满足可变性依赖和可变性约束规则。

以 OV - 2 为例进行介绍，面向变化的运行节点交互设计需求如表 2 - 3 所示。

表 2 - 3 面向变化的运行节点交互设计需求

可变点	变体	可变体依赖	可变性约束	建模方式
节点类型	感知节点、融合节点、控制节点、行动节点	多选	当选择一种节点或者信息交互时，必须选择节点或信息交互	提供多种节点类型
节点交互	确定交互	多选		提供按需交互的线
	按需交互			
通信手段	移动网、固定网、卫星网等	多选		节点属性可设置多种手段，在信息交互的属性中设置多种
信息标准	如信息的多种标准	单一		在信息交互属性中设置多种

2.5.2　基于可变性的智能视角设计方法

根据体系架构模型中的可变性设计理论，体系中包含可变运行节点、可变信息流、可变的组织关系、可变任务、可变规则等，可变性依赖和变体约束作为主要的规则，将可变点与变体关联起来。基于可变规则，对可变的运行节点、信息流、组织关系、任务等进行关联组合，可以设计得到包括动态编排规则模型、组织协同规则模型、任务自主协同规则模型等。

1. 动态编排规则模型（INV-1）

动态编排规则模型（INV-1）描述在特定使命任务及使命任务运行节点下的智能规则。可以采用表 2-4 形式描述运行节点的智能规则，与 OV-2 中运行节点相关联，并进一步细化描述约束的任务运行节点的智能规则和规则的适用范围等。

表 2-4　INV-1 示例

智能规则名称	智能规则描述	智能规则影响范围	约束的任务运行节点

2. 组织协调规则模型（INV-2）

组织协调规则模型（INV-2）在智能化体系的背景下可以根据动态协同的特点，构建组织机构的智能指挥协调关系。采用表 2-5 形式描述组织机构完成特定任务所必要的智能化规则，重点以指挥流描述为主。与 OV-4 中组织机构相关联，与指挥关系一一对应，并进一步细化描述指挥关系的具体属性和规则。

表 2-5　INV-2 示例

智能规则名称	智能规则描述	智能规则影响范围	约束的组织机构

3. 任务协同规则模型（INV-3）

任务协同规则模型（INV-3）采用表 2-6 形式描述任务过程模型（OV-5b）中的可变点任务活动及改变任务活动执行的智能规则。INV-3 指定了智能规则，主要描述使命任务的自主协同规则，用于约束各任务活动的执行方式。规则来源包括智能化运行条令、条例、法规、标准、计划、想定方案、岗位手册、武器装备使用条件等众多资料性文档。

表 2 – 6　INV – 3 示例

智能规则名称	智能规则描述	智能规则影响范围	约束的活动

第3章

智能化体系架构产品

3.1 全 视 角

全视角（All Viewpoint，AV）主要包括架构设计的目的范围、背景、目标愿景、设计主题及所涉及的概念和术语等内容。其目的是让架构设计中各类涉众对这些内容能够统一认识。

全视角主要由目的背景、架构愿景、概念定义以及术语分类等模型组成。

3.1.1 目的背景（AV–1）

1. 模型定义

AV–1 描述架构设计的背景目的、范围、使命任务等基本信息，以及与之相关的其他架构设计的背景信息。

2. 模型描述

AV–1 是体系架构设计的基础。通过设计背景描述，可以使设计人员或读者快速地了解任务和系统架构设计的基本情况，同时为架构中其他模型的开发提供指导和参考。

AV-1简要介绍与系统架构设计相关的整体性、概要信息，主要包括针对的使命任务、设计目的、设计目标、假设条件与约束因素，与设计相关的其他任务或架构、设计的输入条件等内容。

AV-1可以采用文本形式或选项卡形式设计，示例如图3-1所示。

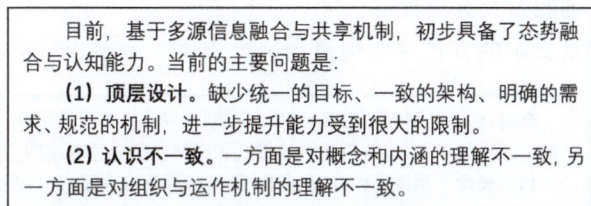

目前，基于多源信息融合与共享机制，初步具备了态势融合与认知能力。当前的主要问题是：

(1)顶层设计。缺少统一的目标、一致的架构、明确的需求、规范的机制，进一步提升能力受到很大的限制。

(2)认识不一致。一方面是对概念和内涵的理解不一致，另一方面是对组织与运作机制的理解不一致。

图3-1　AV-1示例

3. 模型要素

AV-1主要包含以下模型要素。

（1）使命任务。其简要描述架构支持的典型使命和任务。

（2）设计目的。其描述系统架构设计的主要目的，即希望通过架构设计解决问题和架构发挥作用。

（3）设计目标。其描述架构设计最终要达到的目标或取得的成果。

（4）设计范围。其明确架构的设计范围，如领域范围、时间范围、设计层次和预期用户等。

（5）设计条件。其描述架构设计的基础或前提条件，包括架构现状、设计依据、假设条件、制约因素、设计质量考核要求等。

（6）存在问题。其说明架构设计未解决或新产生的问题。

（7）参考资料。其列出架构设计中可以参考的文档资料、标准规范和数据等。

3.1.2　架构愿景（AV-2）

1. 模型定义

AV-2主要描述在特定时间范围内智能化体系的目标状态或蓝图，包括预期能力及指标要求、设计主题等内容。

2. 模型描述

愿景是未来一段时间内的预期结果或目标状态，AV-2是对体系架构目标状态的抽象描述，是未来某个时间段内智能化体系的蓝图。

描述 AV - 2 的目的是确定架构能力。在明确任务要求的基础上，保证设计人员在设计初期对预期目标达成共识，聚焦到关键领域来分析问题。

AV - 2 要针对设计任务要求，结合发展战略、新技术发展、当前体系面临或存在的问题等来确定。AV - 2 可以结合典型使命任务或场景来说明，也可引用现有 AV - 2 或与愿景相关的权威性描述。AV - 2 设计的主要内容包括架构的主要目标、具备的关键能力及其指标等。

AV - 2 采用富文本的方式对架构愿景进行描述，示例如图 3 - 2 所示。

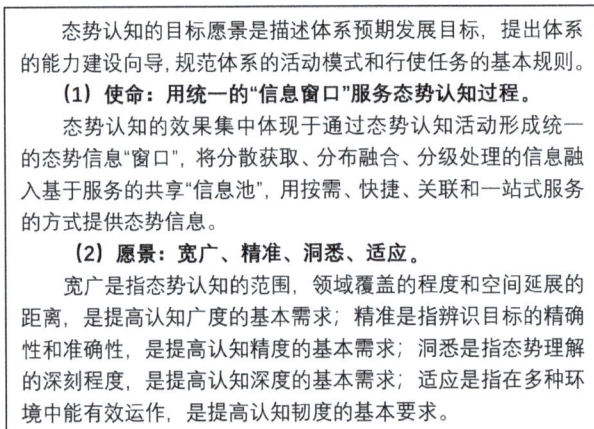

> 态势认知的目标愿景是描述体系预期发展目标，提出体系的能力建设向导，规范体系的活动模式和行使任务的基本规则。
> **(1) 使命：用统一的"信息窗口"服务态势认知过程。**
> 态势认知的效果集中体现于通过态势认知活动形成统一的态势信息"窗口"，将分散获取、分布融合、分级处理的信息融入基于服务的共享"信息池"，用按需、快捷、关联和一站式服务的方式提供态势信息。
> **(2) 愿景：宽广、精准、洞悉、适应。**
> 宽广是指态势认知的范围，领域覆盖的程度和空间延展的距离，是提高认知广度的基本需求；精准是指辨识目标的精确性和准确性，是提高认知精度的基本需求；洞悉是指态势理解的深刻程度，是提高认知深度的基本需求；适应是指在多种环境中能有效运作，是提高认知韧度的基本要求。

图 3 - 2 AV - 2 示例

为了进一步说明体系架构愿景和任务的主要内容，可以针对体系架构设计的关键内容进行主题划分。每类主题对应体系架构中的一个或多个重要关注点（或重要设计内容），反映这些关注点或内容的具体愿景。

如果采用主题划分方式描述，AV - 2 可以按照主题分别说明。在 AV - 2 整体描述的基础上，针对不同的主题进一步明确各主题需要达到的目标。基于主题方式的 AV - 2，可采用表格形式描述，示例如表 3 - 1 所示。

表 3 - 1 基于主题划分方式的 AV - 2 描述示例

主题名称	主题标识	主题阐述
主题 1	ZT1	为完成……使命任务，适应……的需要，面向……领域，在……年前达到/实现……目标，重点关注： （1）…… （2）……
主题 2	ZT2	
⋮	⋮	

如果涉及多个主题并且这些主题相互关联，则应该说明各主题之间的关系，以便对架构有更全面、更清晰的认识。主题关系描述示例如图 3 – 3 所示，其中主题 11 与主题 1 为包含关系，主题 12 与主题 21 为关联关系。

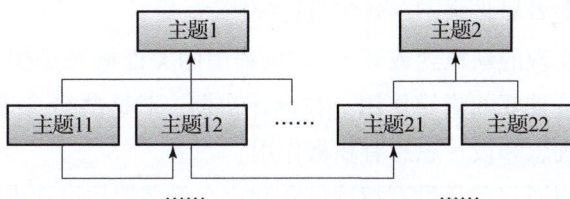

图 3 – 3　主题关系描述示例

如果需要，AV – 2 还应该描述未来体系具备的关键能力指标。关键能力可采用表格形式描述，示例如表 3 – 2 所示。

表 3 – 2　架构关键能力指标描述示例

指标名称	指标标识	指标描述	预期指标值	相关说明
指标 1	PR – 1	说明 指标含义	指标预期 的目标或值	其他需要解释的内容。如指标 值的解释
⋮	⋮			

3. 模型要素

AV – 2 主要包含以下模型要素。

（1）目标愿景。其是指在特定时间段内，智能化体系总体建设或智能化体系某组成部分的主要发展目标。包括对预期能力及其关键指标要求的阐述。

（2）主题。其是指针对目标愿景，以主题形式进一步细化对智能化体系或其组成部分的要求，并简要阐述各主题间的关系。必要时，可给出关键能力指标以及评估条件。

3.1.3　概念定义（AV – 3）

1. 模型定义

AV – 3 对架构设计中需要涉众达成共识的核心概念进行解释说明，通常是新生概念和容易产生歧义的概念。

2. 模型描述

AV-3 主要是对架构中涉及的新概念、需要重新定义或补充说明的概念进行进一步的详细解释或者定义，使架构设计人员能够在概念理解上达成共识，避免由于概念认识上的差异带来不一致等设计问题。

架构设计中出现的新概念或新技术/机理中的关键概念是架构设计的基本依据，对架构设计有重要的指导作用。在设计初期，对这些概念进行定义和说明，对统一架构设计理念和设计思想有积极作用。

AV-3 也可以对目前还没有权威解释和定义但在架构设计中起到重要作用的名词和概念进行解释和说明，以统一设计人员认识。

概念定义可采用表格形式描述，示例如表 3-3 所示。

表 3-3　AV-3 示例

名称	标识	分类	描述	参考文献

由于新概念通常比较陌生或理解不一致，简单的文字描述不容易理解，因此，对概念说明可以采用富文本（包括文字、图片、表格等内容）的方式进行扩展描述和说明。

3. 模型要素

AV-3 主要包含以下模型要素。

（1）概念分类。概念分类即按照某种原则对概念类型进行划分。

（2）概念名称。概念名称即概念的名称。其包括中文名称或英文名称。

（3）概念解释。概念解释即对概念内涵的阐述，说明概念的组成要素、边界范围，以及与相关概念的关系等内容。

（4）来源。来源即说明概念解释的参考依据。

3.1.4　术语分类（AV-4）

1. 模型定义

AV-4 描述架构体系设计过程中引用的专用名词或概念。

2. 模型描述

术语是指领域内已经形成统一认识的专用名词或概念。AV-4 对架构体系设计过程中引用的专用名词、概念等进行整理和说明，使架构设计人员能够在术语理解上达成共识，避免由于术语认识上的差异带来不一致等设计问题。

AV-4 列出在架构设计中用到的、不需要重新定义或说明的专用概念或名词，这些术语沿用已有的定义，对术语的引用必须来自权威的文件。

AV-4 不需要对用到的所有术语进行列表，主要针对架构设计中出现的关键性、需要统一的或容易产生歧义的术语进行简要描述。

AV-4 通常采用表格的描述方式，示例如表 3-4 所示。

表 3-4　AV-4 示例

名称	英文名称	简称	术语定义	来源
架构	××××	××××	架构是描述一个系统包含的组件、组件之间的关系，以及制约组件设计和随时间演进的原则和指南	IEEE STD 1471—2000
术语 2				X 标准
⋮				

3. 模型要素

AV-4 主要包含以下模型要素。

（1）术语分类。术语分类即按照某种原则对术语进行分类。

（2）术语名称。术语名称即术语的中文名称和简称以及英文名称和缩略语。

（3）术语定义。术语定义即术语的简单定义和解释。

（4）术语来源。术语来源即给出术语定义的明确出处，如引用文件的编号、名称和发布机构等。

3.2　能　力　视　角

能力视角（Capacity Viewpoint，CV）描述智能化体系的运行或任务完成能力需求，包括能力构想、能力分类、能力依赖关系、能力与任务关系、能力与活动关系、效果属性和能力效果等模型。CV 的作用是把体系的总体目标愿景设计为可量化的效果要求。

3.2.1 能力构想模型（CV-1）

1. 模型定义

CV-1 主要基于智能化体系未来的使命任务，从智能化运行的角度描述和提出体系的宏观能力需求，体现体系建设的顶层能力要求。

2. 模型描述

CV-1 概括性地描述了顶层能力构想和能力目标。这些能力构想和能力目标通常来自战略需求或系统建设发展目标，阐述了能力目标、预期成果及度量要求等信息，这些信息将为能力分类、依赖关系及能力差距分析提供指导。

CV-1 描述战略发展构想和宏观能力需求的视角产品，是在充分考虑国内外系统发展现状的基础上，分析对比能力差距，提出纲领性发展启示和宏观发展方向。

CV-1 使用文本方式进行描述，可根据需要辅以图表进行说明，其描述格式无具体要求，示例如图3-4所示。

> 体系的信息能力构想：根据使命任务、体系能力目标要求以及现代以网络为中心、服务化技术体制的最新发展方向，综合考虑信息系统的能力需求和发展目标，将体系的信息能力构想概括为四大方面：指挥能力、控制能力、信息融合能力和通信支撑能力。

图3-4 CV-1示例

3. 模型要素

CV-1 主要包含以下模型要素。

（1）能力构想。能力构想是指在宏观层次对体系涉及的相关重要能力进行描述。主要包含典型的使命任务下的能力构想和需求。

（2）能力目标。能力目标即针对体系未来承担的使命和任务，在能力构想的基础上，进一步明确应该达到的能力目标。

3.2.2 能力分类模型（CV-2）

1. 模型定义

CV-2 描述智能化体系的能力分类、能力含义、子能力组成等内容，形成结构化的能力组成。

2. 模型描述

CV-2 使用树状的能力分类结构或者表格来描述能力的分类,示例如图 3-5 所示,以根节点为能力,分支节点或叶节点为下层子能力,用于获取和组织能力构想所需的具体运行或任务完成的能力,形成一个结构化能力列表。

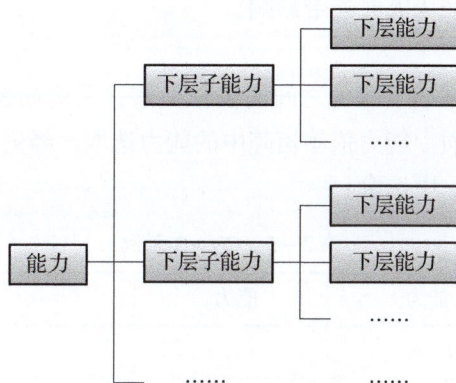

图 3-5　CV-2 示例

CV-2 的结构化列表是在某个时间段内,体系需达成能力的完整列表。为了提供后期能力管理所需的清晰度和适当等级的粒度,每种能力都可以根据需要分解为若干种子能力。能力结构描述可在设计开始阶段设计,也可以在任何阶段开发。

CV-2 确定了体系的运行或任务完成能力框架,是具有战略性质的体系特性。

3. 模型要素

CV-2 主要包含以下模型要素。

(1)能力。能力是指运行或任务完成的能力,指完成使命任务或业务时的本领或素质。

(2)能力的主要属性包括:①名称,说明具体能力的名称;②标识,定义能力的唯一标识;③层级,表明能力所属的层级;④描述,对能力的含义进行解释说明。

(3)能力分解关系。能力分解关系即说明能力之间的关系、特点和要求。

能力分解关系的主要属性包括:①父能力,一个分解关系连接的父能力;②子能力,一个分解关系连接的子能力;③能力关系描述,对能力分解关系的含义进行解释说明。

3.2.3 能力依赖关系模型（CV-3）

1. 模型定义

CV-3 描述了能力之间是否存在关系以及存在何种关系，目的是分析重点能力，以及能力变化会产生哪些连带影响。

2. 模型描述

CV-3 使用矩阵来表示能力之间的依赖关系，示例如表 3-5 所示，矩阵元素用于表示关联的性质。能力依赖矩阵中的能力选取已经定义的能力，通常在能力分类模型（CV-2）中选取。

表 3-5　CV-3 示例

名称	能力₁	能力₂	……	能力ₘ
能力₁		—	—	—
能力₂	—		—	—
⋮	—	—		—
能力ₘ	—	—	—	

CV-3 针对 CV-2 中定义的能力列表，描述能力之间除从属关系外的其他关系，能力的关系描述以底层能力为主，重点描述叶子能力之间的关系。上层能力之间的关系可以通过叶子能力之间的关系体现。

3. 模型要素

CV-3 主要包含以下模型要素。

（1）能力。见 CV-2 对能力的说明。

（2）依赖关系。依赖关系表明两个能力之间是否存在着依赖关系，以及依赖关系的类型，如正向依赖和负向依赖。

3.2.4 能力与任务关系模型（CV-4a）

1. 模型定义

CV-4a 描述智能化体系的能力与任务的关联关系，即能力通常支撑哪些任务实现。

2. 模型描述

CV - 4a 对能力与任务关联关系进行描述，目的是把能力与任务关联起来，不进行新的能力项和任务项的添加。

CV - 4a 用表格形式或映射矩阵方式进行描述，示例如表 3 - 6 所示。其中，能力来自 CV - 2 的定义，任务来自 OV - 5a 的定义，关联属性具体说明能力与任务关联的程度和描述。

表 3 - 6　CV - 4a 示例

能力名称	任务		关联属性	
	任务名称	任务描述	关联程度	关联描述

3. 模型要素

CV - 4a 主要包含以下模型要素。

（1）能力。见 CV - 2 对能力的说明。

（2）任务。见 OV - 1 和 OV - 5a 对任务的说明。

（3）关联属性。关联用来描述能力与任务之间是否存在支撑关系。

关联属性的主要属性包括：①关联程度，说明能力与任务关联的程度，即能力对任务的支撑程度；②关联描述，对关联关系的含义进行具体解释说明。

3.2.5　能力与活动关系模型（CV - 4b）

1. 模型定义

CV - 4b 描述智能化体系的能力与活动的关联关系，即能力通常由哪些活动支撑。

2. 模型描述

CV - 4b 确定体系的能力需求，便于决策人员和用户快速浏览，快速确定任务与能力需求间的差距，可用来分析能力定义、结构划分、规划设计是否合理、是否完整，并作为审查能力是否满足体系需求的依据。

CV - 4b 对能力与活动关联关系进行描述，目的是把能力与任务关联起来，不进行新的能力项和任务项的添加。

CV-4b 用表格形式或映射矩阵方式进行描述，示例如表 3-7 所示。其中，能力来自 CV-2 的定义，活动来自 OV-5a 的定义，关联属性具体说明能力与任务关联的程度和描述。

表 3-7 CV-4b 示例

能力名称	任务		关联属性	
	活动名称	活动描述	关联程度	关联描述

3. 模型要素

CV-4b 主要包含以下模型要素。

（1）能力。见 CV-2 对能力的说明。

（2）活动。见 OV-1 和 OV-5a 对任务和活动的说明。

（3）关联属性。关联用来描述能力与活动之间是否存在支撑关系。

关联属性的主要属性包括：①关联程度，说明能力与活动关联的程度，即活动对能力的支撑程度；②关联描述，对关联关系的含义进行具体解释说明。

3.2.6 效果属性模型（CV-5a）

1. 模型定义

CV-5a 描述和定义能力效果分类法，形成规范的效果及其属性定义，以利于对效果形成一致的理解、测量和评估。效果及效果属性的定义主要考虑任务目标实现效果。

2. 模型描述

CV-5a 是为能力量化制定准则，为能力效果设计提供参考。CV-5a 以表格形式描述效果、属性及其要求，示例如表 3-8 所示。

效果是事物的状态和影响，是达成能力的条件和衡量标准，是通过任务执行产生的。确定效果的名称，应采取抽象化的术语，用于界定任务效果状态的属性。效果在不同的任务过程中可能存在多态性，需要分别进行描述，包括在认知域、社会域和信息域的状态与影响。

表 3-8　CV-5a 示例

效果名称	效果属性	说明	可能的度量方法

3. 模型要素

CV-5a 主要包括以下模型要素。

（1）效果。效果是事物的状态和影响，是达成能力的条件和衡量标准。主要属性包括：①名称，说明具体效果的名称；②标识，定义效果的唯一标识；③说明，对效果的具体含义和要求进行解释说明。

（2）效果属性。效果属性是对效果的细化和分解。主要属性包括：①名称，说明具体效果属性的名称；②标识，定义效果属性的唯一标识；③说明，对效果属性的具体含义和要求进行解释说明；④可能的度量方法，对效果属性的具体度量方法、度量标准等进行解释说明。

3.2.7　能力效果模型（CV-5b）

1. 模型定义

CV-5b 定义能力在具体任务及活动执行中的效果要求。其采用增量式方法定义能力效果需求。体系能力设计的主要目的体现在该模型。CV-5b 定义的能力效果用于对体系的当前能力、预期能力（可分阶段）进行描述和设计，可作为量化分析的依据。

2. 模型描述

CV-5b 使用表格对能力效果需求进行描述，示例如表 3-9 所示。能力实现依赖于任务的执行，任务可以产生若干效果，每项效果有确定的含义，有利于定义明确的衡量标准。能力效果模型是在能力与任务关系模型（CV-4a）的基础上的进一步细化设计。

CV-5b 针对 CV-2 中定义的能力列表，以及 OV-5a 分解的任务，可基于 CV-4b 直接导出能力与活动之间的映射关系，能力的活动效果描述通常以底层能力为主，重点描述叶子能力的活动效果。

表 3 – 9　CV – 5b 示例

能力		任务/活动	效果属性	衡量标准			
层级	名称			增量 1	增量 2	……	增量 n

3. 模型要素

CV – 5b 主要包含以下模型要素。

（1）能力。见 CV – 2 对能力的说明。

（2）任务/活动。见 OV – 1 对任务的说明，OV – 5a 对任务分解后活动的说明。

（3）关联属性。见 CV – 4b 对关联属性的说明。

（4）效果属性。见 CV – 5a 对效果属性的说明。

（5）衡量标准。依据体系结构设计的要求，定义出衡量效果的指标标准。衡量标准是指到增量阶段，实现能力的该项任务效果应该达到的规定标准。达到或超过即为实现了能力指标，否则为没有实现。

3.3　运　行　视　角

运行视角（OV）重点描述使命任务执行的过程与约束条件，以及任务完成的组织编组以及协作关系，是智能化体系架构设计的前端输入和规范约束。

3.3.1　高级运行概念（OV-1）

1. 模型定义

OV-1 是描述使命任务和业务及其分类的高层概念、宏观构想，以及其他独特运营维护问题的产品。

2. 模型描述

OV-1 用于勾画高层运行概念，将主要要素、保障要素、运行目标和连接关系等写意性地表达出来，直观、清晰地表达完成什么任务、由谁完成该任务、完成任务的顺序以及达到的目的等内容，还包括与外部环境的交互关系。OV-1 旨在表达高层决策者的想法，可辅助体系结构设计人员将态势和场景想定纳入环境背景中，聚焦特定运营维护问题，快速建立共识。

OV-1 无固定格式要求，通常采用图、表方式进行描述，可配以文字进行解释说明，示例如图 3-6 所示。

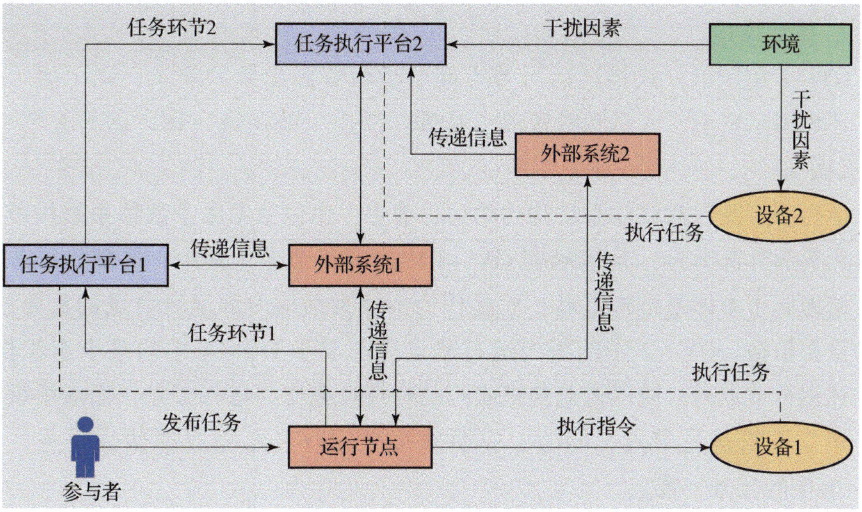

图 3-6　OV-1 示例

3. 模型要素

OV-1 主要包含以下模型要素。

（1）任务。任务由有组织、有意图、有目标要求的一系列行为活动构成。任务要素的主要属性包括任务名称、任务标识、任务目标、任务描述和关联组织。

（2）运行节点。运行节点是指执行使命任务或执行业务活动的单元。其可来自 OV-4 中定义的组织、人员角色或物资。运行节点的主要属性包括节点名称、节点描述和节点度量。

（3）环境背景。环境背景主要概括性地说明典型的战场环境。环境背景要素的主要属性包括区域属性、地理环境特征、地缘政治特征和设施与补给。

（4）相互关系。相互关系主要描述运行节点之间的指挥、协作、隶属、管理、指导等关系。相互关系要素的主要属性包括关系名称、源节点、汇节点和关系描述。

3.3.2 运行节点连接关系（OV-2）

1. 模型定义

OV-2 描述完成任务的运行节点及其节点间的交换连接关系。其用于描述资源（信息、资金、人员、物资）流的逻辑交互模式，直观展示任务过程中资源的交换关系。

2. 模型描述

OV-2 用图形方式描述运行节点间的逻辑资源交换的需求，除了展示信息流，还可展示资金、人员和物资流。其重在描述"谁在做"和"做什么"，而非"怎么做"。

运行节点既包括该体系结构内的运行节点，也包括不属于该体系结构范围但与其相关的外部节点，且应涵盖 OV-1 中的运行节点。其中，外部运行节点并非严格地属于本体系结构范畴，而是作为本体系结构内部运行节点的重要信源，或为重要信宿。OV-2 中的每个运行节点应归属于 OV-4 中的某个组织机构。在描述运行节点时，应尽量避免把实际的物理设施作为运行节点，而应根据使命任务建立逻辑运行节点。同时，应明确每个运行节点完成的使命任务，且与 OV-5a中的任务一致。

需求线说明了运行节点间存在资源（信息、资金、人员、物资）的交互关系。在设计需求线时，用箭头表示资源流向，并用简要文字对其命名。需求线上可用文字给出节点之间需要交换的资源以及交换要求，但不需说明如何实现资源交换。需求线与资源交换间的关系是多对多的关系，即一条需求线上可存在多条资源交换，一条资源交换可在多条需求线上出现。在设计需求线时，除了给出本体系结构内部运行节点间的需求线，还应给出与外部运行节点间的需求线。在表示外部运行节点以及与外部运行节点间的需求线时，应与内部运行节点及内部运行节点间的需求线有所区别。根据需要，可用不同层次的多张图来设计 OV – 2。OV – 2 示例如图 3 – 7 所示。

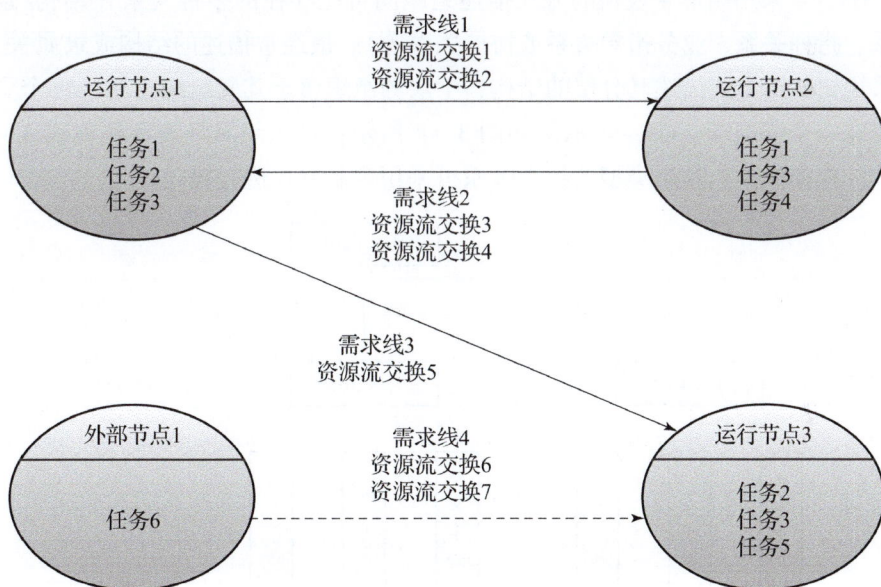

图 3 – 7　OV – 2 示例

注：实线表示内部节点间的需求线；虚线表示与外部节点间的需求线。

3. 模型要素

OV – 2 主要包含以下模型要素。

（1）运行节点。见 OV – 1 对运行节点的说明。

（2）任务。见 OV – 1 对任务的说明。

（3）需求线。需求线表示节点间具有资源交换需求或节点间的互联需求。需求线的主要属性包括需求线名称和需求线描述。

（4）资源流。资源流表示节点间资源（信息、资金、人员、物资）的交互关系及要求。资源流的主要属性包括资源流名称和资源流描述。

3.3.3 组织关系模型（OV‑4）

1. 模型定义

OV‑4 对完成任务的组织机构进行描述，明确组织机构间的相互关系，以及各组织的职责和权责。其中，组织可以是现有的组织和角色，也可以是逻辑的组织和角色。

2. 模型描述

OV‑4 采用图形＋表格的方式描述组织间可能存在的多种关系（结构/隶属关系、指挥关系、业务指导关系或协同关系等）。最经常描述的结构或隶属关系，可采用树状图方式描述其分层的结构，下层的组织属于其父组织管辖，每个子组织仅有一个父组织。OV‑4 示例如图 3–8 所示；其组织属性表示例如表 3–10 所示。根据需要，其余类型的组织关系可采用定制方式进行描述。

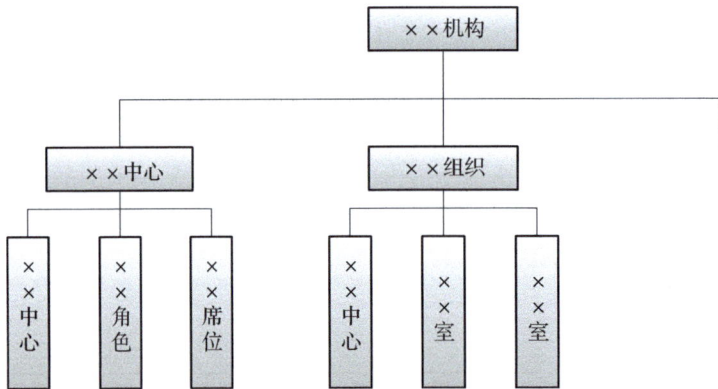

图 3–8　OV‑4 示例

表 3–10　OV‑4 组织属性表示例

组织名称	组织标识	组织描述	组织职责	组织权责	关联任务

3. 模型要素

OV‑4 主要包含以下模型要素。

（1）组织。组织即构成组织指挥管理体系的基本单位。组织具备一定的职责和权责，指挥/组织/管理/控制一定的资源（信息、资金、人员、物资等）来完成特定的任务。

组织的主要属性包括组织名称、组织标识、组织描述（对组织进行细节描述，可包含组织类型、所属类别、人员构成、主要装备与物资等内容）、组织职责（对组织的职责进行定义和描述。职责主要指在一定的职务上应该而不能推卸的执行事务的责任）、组织权责（对组织机构的权责进行定义和描述。权责主要指在执行任务时有权利在职责范围内支配和指挥相关资源）。

（2）组织间关系。组织间关系即组织机构间存在的各种关系。其包括结构关系和交互关系等。结构关系即整体—部分关系，通常为组成关系，如一个指挥所分为多个中心，每个中心又分为多个业务室。交互关系通常体现为指挥控制关系、协调指导关系、协作协同关系、保障关系等。

组织间关系的主要属性包括关系名称、关系标识、关系描述、关系类型、关系的源组织和关系的目的组织。

（3）关联任务。组织执行的任务，见 OV – 1 对任务的说明。

3.3.4　任务分解模型（OV – 5a）

1. 模型定义

OV – 5a 基于运行活动或业务执行的流程，对任务依据颗粒度需要进行逐层分解，并对分解后的任务进行描述，任务分解后为活动，与 OV – 5b 共同完成对使命任务或业务的完整描述。OV – 5a 的重点在于说明子任务之间的层级关系。

2. 模型描述

OV – 5a 采用图形 + 表格的方式描述任务与活动的组成、任务间关系及任务的属性。OV – 5a 对核心使命任务或业务进行分解细化，将负责的顶层任务分解为较为简单、目标明确、互不交叠、便于研究的子任务/活动。任务分解的粒度依据研究问题的需求，一般与 OV – 4 组织关系最末级组织相适应，即最末级子任务由 OV – 4 某个最末级组织独立完成。任务分解完成后，通过表格对每个子任务进行描述，说明任务基本过程、任务目标、主责机构等内容。OV – 5a 示例如图 3 – 9 和表 3 – 11 所示。

3. 模型要素

OV – 5a 主要包含任务/活动、任务/活动分解关系等设计要素。

（1）任务/活动。见 OV – 1 对任务的说明。

（2）任务/活动分解关系。任务关系主要描述任务和活动之间的组成关系。

任务关系的主要属性包括任务关系标识、父任务标识、子任务/活动标识和任务关系描述。

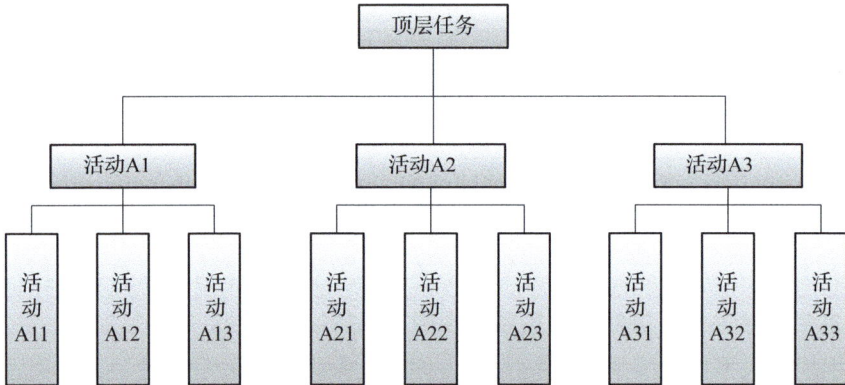

图 3 – 9 OV – 5a 示例

表 3 – 11 OV – 5a 描述表示例

任务/活动标识	任务/活动名称	任务/活动描述	任务/活动目标	关联组织

3.3.5 任务过程模型（OV – 5b）

1. 模型定义

OV – 5b 描述为完成特定活动或业务通常所需的任务执行过程，与 OV – 5a 共同完成对使命任务或业务的完整描述，OV – 5b 的重点在于说明同级子任务之间的流程关系。

2. 模型描述

OV – 5b 采用图形方式描述完成特定使命任务或业务所需的主要任务、执行任务的组织、任务规则或约束、任务之间的输入/输出资源流等内容。

OV – 5b 采用 IDEF0 图形进行描述，IDEF0 图形中的方框代表任务/活动，其任务名称与任务标识与 OV – 5a 保持一致。任务接口命名一般采用 ICOM 方式进行描述，方框左边代表输入接口（描述输入信息流，简写为 I）；方框上方代表控制接口（描述任务规则或约束，简写为 C）；方框右方代表输出接口（描述输出信息流，简写为 O）；方框下方代表机制接口（描述执行任务的组织，简写为 M）。如果图中接口较多，标识名称难以全部显示在图中时，可采用简写标识编号，并附表进行详细描述。OV-5b 示例如图 3-10 所示。

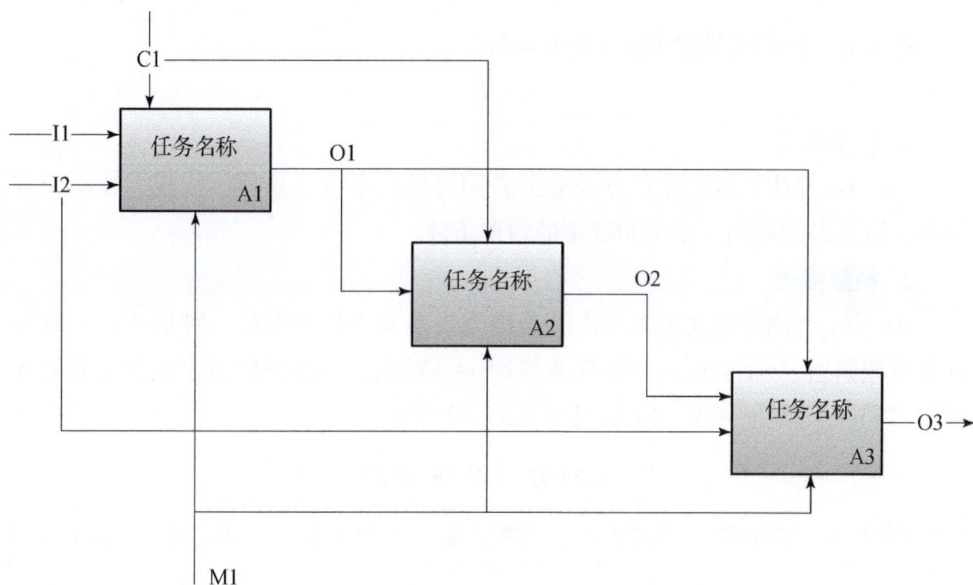

图 3-10　OV-5b 示例

任务过程模型（OV-5b）与信息活动过程（IAV-1a）之间的区别在于：OV-5b 从指挥人员执行活动过程角度进行描述，其中涉及的输入/输出信息流只需明确对于执行任务过程具有驱动性或约束性的信息流，并且只需表述信息流的逻辑通路，不涉及信息加工、处理、汇接、分发的中间环节和节点；IAV-1a 重在描述信息的加工处理过程，是对 OV-5b 的进一步细化，从信息加工角度说明活动过程中各信息流的加工、处理、汇接和分发的过程。

3. 模型要素

OV-5b 主要包含以下模型要素。

（1）任务/活动。见 OV-1 对任务的说明。

（2）输入/输出信息流。输入信息流表示触发或启动任务所需的信息；输出信息流表示完成任务应产生的结果信息。这两类信息流都为 OV-2 中资源流的子集，遵循 OV-2 中资源流的定义。输入/输出信息流的主要属性见 OV-2 中对资源流的说明。

（3）任务规则。任务规则就是完成任务所需遵循的条令、条例、法规、标准以及各类约束等。任务规则的主要属性包括规则标识、规则名称、规则描述、规则来源和适用范围。

（4）组织。见 OV - 4 对组织的说明。

3.3.6 运行规则模型（OV - 6a）

1. 模型定义

OV - 6a 描述执行使命任务或业务必须遵循的条令、条例、法规、标准和方案等，以及各类时间、空间和权责的约束条件。

2. 模型描述

OV - 6a 无固定描述形式要求，表格方式是其中最重要的一种形式，一般与任务过程模型（OV - 5b）中的任务规则一一对应，具体详细描述面向任务的规则要求和细节属性。OV - 6a 示例如表 3 - 12 所示。

表 3 - 12　OV - 6a 示例

规则标识	规则名称	规则描述	规则来源	规则条件	适用范围	关联任务

OV - 6a 指定了运行或业务规则，用于约束各任务的执行方式。规则来源包括条令、条例、法规、标准、计划、想定方案、岗位手册、武器装备使用条件等众多资料性文档。规则描述大多以自然语言来表达，建议采用以下两种形式。

（1）祈使语句，即在所有条件下的声明。例如，……任务必须在……条件下，由……执行。

（2）条件祈使语句，即在其他条件满足时所做的声明。例如，如果……，那么……。

运行规则分为以下两类。

（1）结构性规则。这类运行规则反映任务自身的内在要求，与任务过程和条件无关，它们反映了某项任务专属的静态特征。

（2）交互性规则。这类运行规则给出了任务的动态特征，并规定了对行为结果造成影响的各种约束，通常包括条件、完整性约束、权责限制、时序规则、时间约束等。

3. 模型要素

OV - 6a 主要包含以下模型要素。

（1）任务规则。见 OV - 5b 对任务规则的说明。

（2）条件。条件即说明任务规则执行的环境状态或状况。

（3）任务。见 OV - 1 对任务的说明。

3.3.7　状态转移模型（OV - 6b）

1. 模型定义

OV - 6b 描述任务执行过程中受事件驱动的状态转换关系。

2. 模型描述

OV - 6b 描述为响应各种事件、运行节点或任务的状态变化过程，与状态、事件和任务有关。状态是指运行节点正在执行某项任务或等待某个事件时某些特征属性相对静止的条件。事件是一种特定的动作或行为的发生，可认为是激励或触发。

状态及其相关的行动确定了事件的响应顺序，可反映某一运行节点完成任务的时间顺序。当相关事件出现时，下一个状态的变化取决于当前状态、事件、规则或条件。状态的变化被称为转移。每个转移根据特定事件和目前状态确定响应顺序。OV - 6b 示例如图 3 - 11 所示。

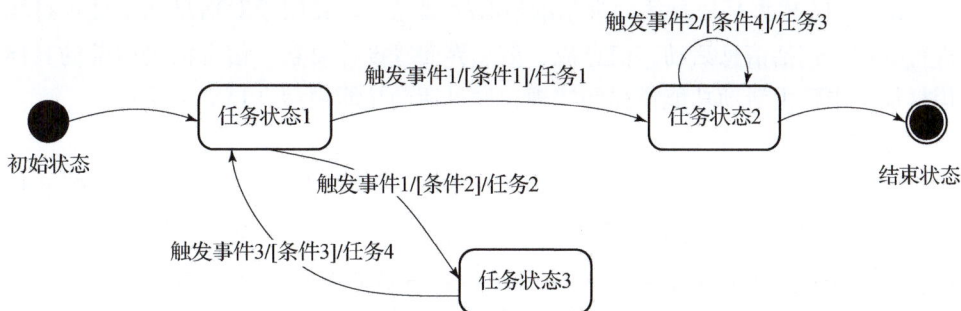

图 3 - 11　OV - 6b 示例

3. 模型要素

OV - 6b 主要包含以下模型要素。

（1）任务状态。OV - 6b 模型的任务状态描述任务执行过程中相对静止或等待某些事件时的条件。任务状态中包括两类特殊状态：初始状态和结束状态。初始状态无须触发，是状态转换图的起始位置，只能存在唯一初始状态；结束状态表示状态转换的结束,可存在多个结束状态。

任务状态的主要属性包括状态名称和状态描述。

(2)转换。OV – 6b 模型的转换描述两个状态之间的关系,描述在发生某些事件且达到某些条件的情况下,任务从当前状态进入下一状态。

转换的主要属性包括转换名称、转换描述、触发事件、转换条件和任务。

(3)触发事件。说明执行过程中能产生状态或条件变化的特定行为、动作。

触发事件的主要属性包括事件名称、事件类型和事件描述。

(4)条件。见 OV – 6a 对条件的说明。

3.4 信息活动视角

信息活动视角(IAV)描述体系的信息活动以及活动过程,以信息活动过程作为主体勾画出体系的运作结构。围绕信息活动设计体系架构是智能化体系架构的核心理念之一。

3.4.1 信息活动过程模型（IAV – 1a）

1. 模型定义

IAV – 1a 模型是信息活动视角的核心模型之一。其用于对信息加工处理过程进行描述,包括信息活动、信息流、信息界面等设计要素。信息活动内部的具体信息加工步骤由活动功能描述和实现,详见活动功能模型（IAV – 5）。

2. 模型描述

IAV – 1a 模型确定了信息活动流程,从合理的信息加工处理需求梳理和提取体系的信息活动,该模型把活动与过程合并成一个对象设计,活动由过程实现,过程是活动的集合,两者是一个整体。信息活动将输入的信息进行加工处理,并产生输出信息,活动之间通过信息流连接,信息流将一个信息活动的输出连接至另外一个信息活动的输入。IAV – 1a 采用如图 3 – 12 所示的信息活动过程模型进行描述,由活动名称(矩形)、输入界面(活动名称左侧倒 T 字形)、输出界面(活动名称右侧倒 T 字形)、信息标识(有向线)和信息端(椭圆)组成。

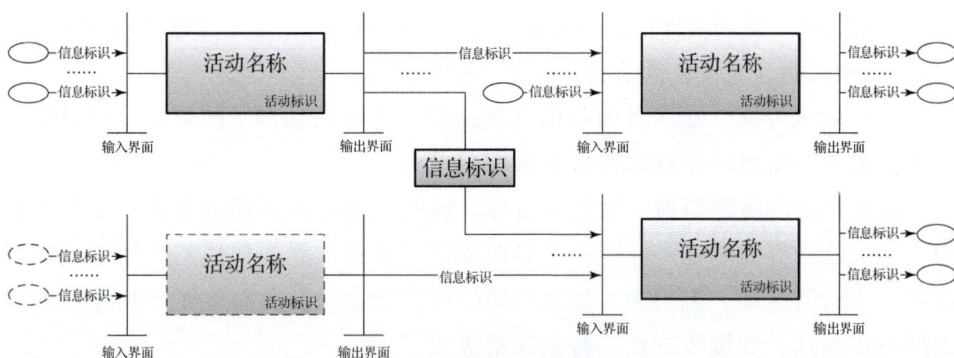

图 3 – 12　IAV – 1a 示例

　　IAV – 1a 模型采用层次化的过程模型对体系的信息活动过程进行描述。要进行智能化体系架构设计，首先要把一个大的体系或系统分解成若干项信息活动，形成体系信息行为的整体架构，即构建活动模型。若活动较多，则采用从大到小多层次、迭代的方式展开活动过程设计。因此，信息活动模型是一个层次化的模型。可通过表格的方式对信息活动进行解释说明，并快速直观地了解体系中涉及的信息活动及其含义。活动说明表示例如表 3 – 13 所示。

表 3 – 13　活动说明表示例

信息活动		活动说明
活动名称	活动标识	

3. 模型要素

IAV – 1a 模型主要包含以下模型要素。

　　（1）信息活动。信息活动是该模型的核心建模元素，是指完成与信息处理相关的任务所执行的一项动作。信息活动的提取可依据业务流程中有信息输入/输出的活动，首先将有相关信息输入/输出的活动分别单独提取其信息活动；然后进行整体考虑合并，也可以参考信息活动生命周期模型中的活动类别定义信息活动，如信息采集活动、信息存储活动、信息发布活动等。信息活动的主要属性包括活动名称（说明具体信息活动的名称）、活动标识（定义信息活动的唯一标识）、活动说明（对信息活动的含义进行解释说明）。

（2）输入界面。输入界面是信息活动接收其他活动作用的界面，可以是行为动作关系，也可以是技术接口关系等。

输入界面的属性包括：①界面名称，说明具体输入界面的名称；②界面标识，定义输入界面的唯一标识；③界面描述，对输入界面作用的内涵进行解释说明；④所属活动，说明输入界面所属的信息活动；⑤界面属性（描述输入界面的具体属性，如接收方式、容量和密级等。

（3）输出界面。输出界面是信息活动作用于其他活动的界面，可以是行为动作关系，也可以是技术接口关系。

输出界面的属性包括：①界面名称，说明具体输出界面的名称；②界面标识，定义输出界面的唯一标识；③界面描述，对输出界面作用的内涵进行解释说明；④所属活动，说明输出界面所属的信息活动；⑤界面属性，描述输出界面的具体属性，如接收方式、容量、距离、安全等。

（4）信息流。信息流用以链接信息活动，使一个信息活动的信息输出成为另一个信息活动的输入信息，两者之间的连接表示了活动间的信息流向，用有向线"→"表示，并用特殊标识或短语对其命名，进行唯一标识。信息流上以信息标识和名称（在 IAV‑4b 中定义）给出了信息活动之间需要交换的信息，但并不需要说明如何实现信息交换。信息流和信息是多对多的关系，即一个信息流上可能传递多个信息，一个信息可能在多个信息流上传递。

信息流的主要属性包括：①名称，说明信息流的名称；②标识，定义信息流的唯一标识；③源端，描述信息流连接的源端，源端可以为信息活动的输出界面或信息；⑤目的端，描述信息流连接的目的端，目的端可以为信息活动的输入界面或信息端；⑥传递的信息集合，描述信息流上传递的信息集合，包含每个信息的名称和标识。

（5）信息端。信息端用于表示信息产生的源端和信息消耗的目的端，可以通过信息流与一个或多个信息活动连接，但其本身不是信息活动。信息端通常用于描述信息的源头和最终终端，如数据库、显示大屏等，以使信息活动过程更加完整、合理，易于理解。

信息端的主要属性包括：①名称，说明信息端的名称；②标识，定义信息端的唯一标识；③说明，对信息端的含义和作用进行解释说明。

3.4.2　信息活动清单（IAV－3）

1. 模型定义

IAV－3 描述信息活动的清单及信息活动之间的层级关系，是对信息活动流程中活动总体的概括。信息活动清单的作用是为能力设计或下一级结构设计提供参考资源。

2. 模型描述

IAV－3 使用层次结构表示活动清单及活动的包含关系，示例如表 3－14 所示。活动清单用于描述活动的整体结构，可依据活动过程中的层次关系，自动建立活动清单。

表 3－14　IAV－3 示例

一级活动		二级活动		三级活动		
名称	标识	名称	标识	名称	标识	

IAV－3 模型中的信息活动来自 IAV－1a 模型，要与 IAV－1a 模型中的信息活动保持一致。通常采用一个 IAV－3 模型对所有的信息活动进行描述，但如果信息活动过多，可依据领域、专业等进行区分，构建多个 IAV－3 模型，每个模型描述一部分信息活动清单。

3. 模型要素

IAV－3 主要包含以下模型要素。

（1）信息活动。信息活动的详细含义和属性见 IAV－1a 对信息活动的描述。除此之外，在活动清单中，会标记清楚每一个信息活动所处的活动级别。

（2）活动层级关系。活动层级关系描述父活动和子活动之间存在的包含关系，上层父活动可以包含多个子活动，而子活动的父活动是唯一的。

3.4.3 信息关系模型（IAV-4a）

1. 模型定义

IAV-4a 描述体系的信息分类、分类包含的信息、信息关系及信息包含的具体数据项等内容。

2. 模型描述

IAV-4a 使用图形化方式对信息分类、信息、信息关系、信息数据项等内容进行描述，如图 3-13 所示。IAV-4a 采用图形化的表示更易于描述和表达信息之间的关系和信息所包含的具体数据项。

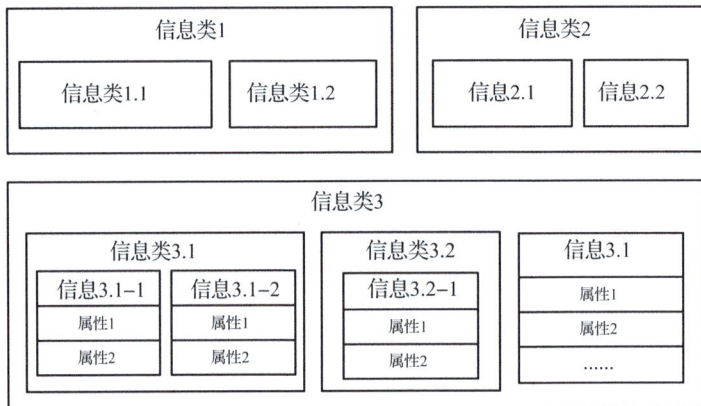

图 3-13　IAV-4a 示例

3. 模型要素

IAV-4a 主要包含以下模型要素。

（1）信息分类。信息分类是对信息类别和层次的划分。

信息分类的主要属性包括：①层级，说明信息分类所属的层级；②名称，说明信息分类所属的名称；③标识，定义信息分类的唯一标识；④描述，对信息分类进行解释说明。

（2）信息。信息是指信息活动之间交互的内容等。

信息的主要属性主要包括：①名称，说明具体信息的名称；②标识，定义信息的唯一标识；③描述，对信息的含义进行解释说明；④数据项，对信息包含的数据项进行定义和说明。

（3）信息关系。信息关系是指信息之间的组成、聚合、继承等关系。

信息关系的主要属性包括：①名称，说明信息关系的名称；②关系类型，定义信息关系的具体类型，包括组成、聚合、继承等。

（4）信息数据项。信息数据项是输入信息流或输出信息流中一类具体的数据内容。信息数据项的主要属性包括：①名称，说明具体信息项的名称；②类型，说明信息项的类型，如字符串、整型和集合等；③描述，对数据项的含义进行解释说明。

3.4.4　信息清单（IAV-4b）

1. 模型定义

IAV-4b 以列表的方式描述智能化体系架构中的信息及其分类，是信息活动过程模型中信息活动的输入信息和输出信息的汇总。

2. 模型描述

IAV-4b 使用表格的方式对信息的分类（通常分为三个层级）及每个分类包含的信息（包括名称、标识、描述）、关联标准、信息的输入/输出活动等进行描述，如表 3-15 所示。通常采用一个 IAV-4b 模型对所有的信息分类进行描述，但如果信息过多，可依据领域、专业等进行区分，构建多个 IAV-4b 模型，每个模型描述一部分信息分类及其包含的信息。

表 3-15　IAV-4b 示例

信息分类				信息			关联标准	输出活动	输入活动
一级	二级	三级	……	名称	标识	描述			

3. 模型要素

IAV-4b 主要包含以下模型要素。

（1）信息分类。详见 IAV-4a 中的信息分类说明。

（2）信息。详见 IAV-4a 中的信息说明。

（3）关联标准。其指的是信息要遵循关联的具体技术标准（在标准规范视角中定义）。

（4）输出活动，即输出该信息的活动。

（5）输入活动，即输入该信息的活动。

3.4.5　信息活动功能模型（IAV – 5）

1. 模型定义

IAV – 5 描述实现信息转换的活动功能。活动功能可理解为将信息活动的输入信息生成输出信息的加工函数，可以表示为 $f(\text{Tan}, \text{Dep}, \text{Aut})$。其中，$f$ 表示加工函数；Tan 是数据变化规则；Dep 是其他活动的依赖规则；Aut 是自主规则（设输入仍然保持输出的规则）。因此，加工函数有两种情况：①在有输入信息的情况下，将一个或多个输入信息进行计算生成输出信息，即变换函数依赖于一个或多个信息活动的信息输出；②在没有输入信息的情况下，由变换函数直接产生输出信息，即变换函数不依赖输入信息。通过 IAV – 5，可以更清楚地了解信息被加工转换的逻辑。

2. 模型描述

IAV – 5 使用表格对功能进行描述，如表 3 – 16 所示。智能化体系架构设计将信息加工变换过程产生的作用归纳为活动功能，并将该功能作为系统设计迭代的参考入口点。主要方法：根据活动、界面提出的信息加工转换的需要，分析和描述信息数据加工处理过程中的操作逻辑，确定活动功能，为迭代、细化设计提供依据。

表 3 – 16　IAV – 5 示例

功能名称	功能标识	作用描述		功能的逻辑操作过程	功能的活动标引
		说明	信息类标识		

IAV - 5 模型中的信息活动功能要与 IAV - 1a 模型中的信息活动及其输入信息和输出信息关联。通常一个信息活动会与多个活动功能关联，即一个信息活动会包含一至多个活动功能。

3. 模型要素

IAV - 5 主要包含以下模型要素。

（1）信息活动功能。信息活动功能是指信息活动将输入信息转换生成为输出信息的具体处理逻辑。例如，将哪些输入信息在何种条件下进行何种加工处理，生成哪些输出信息。

信息活动功能的主要属性包括：①功能名称，说明具体功能的名称；②功能标识，定义活动的唯一标识；③作用说明，对功能的含义和作用进行解释说明；④作用信息类标识，说明功能生成的信息类/信息；⑤功能的逻辑操作过程，对功能进行信息加工处理的逻辑操作过程进行解释说明。

（2）信息活动。信息活动是指活动功能所关联的信息活动。

3.4.6　任务活动与信息活动映射（IAV - 6）

1. 模型定义

IAV - 6 描述运行视角的任务活动与信息活动视角的信息活动之间的关联映射关系。IAV - 6 的作用是说明信息活动对任务的支撑关系。

2. 模型描述

IAV - 6 使用矩阵描述任务活动与信息活动的映射关系，如表 3 - 17 所示，矩阵的一行代表一个信息活动，矩阵的一列代表一个任务/活动，在行和列的交叉处填写它们之间是否存在映射关系。

表 3 - 17　IAV - 6 示例

信息活动 \ 任务/活动	信息活动 1	信息活动 2	……	信息活动 m
任务/活动 1				
任务/活动 2				
⋮				
任务/活动 i				
任务/活动 n				

映射关系用于表明任务/活动与信息活动之间是否存在关系，以及存在关系的等级。可以划分多个等级，标明信息活动对任务/活动支撑的力度，如核心、关键、一般等。

通过 IAV – 6 建立智能化体系架构中的信息活动与任务/活动之间的关系。IAV – 6 中的任务/活动来源于运行视角中定义的活动，信息活动来源于信息活动清单。任务/活动和信息活动之间的映射是多对多的关系，即一个任务/活动可以与多个信息活动映射，一个信息活动可以与多个活动映射。可以采用一个 IAV – 6 对所有的活动映射进行描述，也可以依据领域、专业等进行区分，构建多个 IAV – 6，每个模型描述一部分任务映射。如果没有相关的数据，该模型可以忽略。

3. 模型要素

IAV – 6 主要包含以下模型要素。

（1）信息活动。见 IAV – 1a 对信息活动的描述。

（2）活动。见 OV – 1 对任务的描述。

（3）映射关系。映射关系用以表明任务/活动与信息活动之间是否存在关系，以及存在关系的等级。

映射关系的主要属性包括：①关系程度，说明信息活动对任务支撑的力度，如核心、关键、一般等；②关系描述，对关系的具体含义进行解释说明。

3.5　标准规范视角

标准规范视角（StdV）描述智能化体系建设和运用相关的标准、规范、条令、条例、规则、政策法规等内容。其目的是为智能化体系规划、建设、评估、管理、运用等提供依据。

标准规范视角主要由技术标准列表、应用规范列表和标准规范演化等模型组成。

3.5.1　技术标准列表（StdV – 1）

1. 模型定义

StdV – 1 描述智能化体系建设中所有与系统研制建设相关的技术标准、规范和协议等。

2. 模型描述

StdV – 1 主要确认在一定时间范围可用的标准规范。其主要目的是描绘智能化体系架构适用的标准和协议等。其中，标准描述关联引用的活动、信息等资源。StdV－1 中的技术标准可以引用现有技术标准体系中的相关内容。如果目前没有相关标准，也可以提出技术标准的需求。StdV－1 主要通过表格形式进行描述。StdV－1 示例如表 3－18 所示。

表 3－18　StdV－1 示例

技术领域	技术	标准编号	标准名称	状态	适用对象	适用时间
技术领域 1	技术 1	×××－××××	标准 1	已有	××活动	
	××		标准 3	待建	××活动	适用时间
技术领域 2	××	×××－××××	标准 4	在建	××信息	
⋮	⋮	⋮	⋮			

3. 模型要素

StdV－1 主要包含以下模型要素。

（1）技术领域。技术领域即按照某种原则对技术进行的分类。通常以技术参考模型为分类依据。

（2）技术。技术即描述技术领域内各相关技术名称及其特点。

（3）标准概要信息，即与技术实现相关的标准、规范、协议名称、编号及内容简介。通常为架构设计时现有或已列入研制建设规划的标准。

（4）标准状态。标准状态即标准在特定时间点所处的状态，通常为架构设计时的状态，可分为已有、在建、待建等。

（5）标准适用范围。标准适用范围即标准可能约束或适用的对象或范围（含时间），可以明确到系统。

3.5.2　应用规范列表（StdV－2）

1. 模型定义

StdV－2 描述技术标准之外的规范、条令、条例、规则、法规等。

2. 模型描述

StdV－2 主要描述与活动行为相关的规范和规则，特别是活动执行过程中所需要遵循的规范/规则，支持能生成的相关规则，以及相关的数据规范等。StdV－2 示例如表 3－19 所示。

表 3 - 19　StdV - 2 示例

名称	标识	描述	状态	适用范围	来源
规范1	××××		已有		
⋮					

3. 模型要素

StdV - 2 中主要包括以下模型要素。

（1）应用领域。应用领域即按照某种原则划分的应用规范类型，可以作战/业务部门为分类依据。

（2）应用规范概要信息。应用规范概要信息指相关的规范、条令、条例、规则、法规名称、编号/文号及内容简介。通常为架构设计时现有或已列入研制建设规划的应用规范。

（3）应用规范状态。应用规范状态即应用规范在特定时间点所处的状态，通常为架构设计时的状态，可分为已有、在建、待建等。

（4）应用规范适用范围。应用规范适用范围即明确规范可能的适用对象或范围（含时间），如适用的领域、部门或系统等。

3.5.3　标准规范演化（StdV - 3）

1. 模型定义

StdV - 3 描述了技术标准和应用规范在特定时间段内的发展趋势。

2. 模型描述

StdV - 3 要结合目前技术标准、规范的状态和发展要求，预测未来时间段内的技术标准、规范的发展趋势和可能达到的水平。

通常 StdV - 3 设计的演化对象包括 StdV - 1 中定义的技术标准和 StdV - 2 中定义的应用规范。StdV - 3 通常采用表格形式描述，如表 3 - 20 所示。

表 3 - 20　StdV - 3 示例

类型	对象标识	演化对象	预测时间	演化趋势	可能影响及对策
技术标准	×××××	标准1			
	×××××	标准2			

续表

类型	对象标识	演化对象	预测时间	演化趋势	可能影响及对策
规范	×××××	规则 1			
规范	×××××	数据规范			

3. 模型要素

StdV－3 主要包含以下模型要素。

（1）类型。类型主要说明演化对象所属的类型。其主要分为技术标准和应用规范两类。

（2）所属领域。StdV－3 描述演化对象所属的具体领域。须与 StdV－1 中的技术领域和 StdV－2 中的应用领域一致。

（3）演化对象。演化对象说明具体的演化对象名称。通常为根据技术和应用发展，在架构设计时已可预见未来所需，但当前不具备条件研制建设的技术标准和应用规范。

（4）演化趋势。演化趋势描述在特定时间段内，演化对象的发展趋势和可用性等。

（5）可能影响及对策。针对预测的演化趋势，分析演化可能带来的影响以及应对策略。

3.6　技　术　视　角

技术视角（TV）主要从技术实现与管理的角度，描述支持体系建设、运用的技术体制，分析、预测对体系有较大影响关键技术的发展趋势，确定关键技术的演化策略，规范体系建设与演化的技术实现手段与方法。

3.6.1　技术参考模型（TV－1）

1. 模型定义

TV－1 确定体系中技术领域的分类及其关系，以形成体系架构的基础结构，指导体系技术体制与标准体系的构建。

2. 模型描述

TV－1 是体系在技术层面上的一种通用平台服务模型和分类法。TV－1 通过定义一套术语，描述其组成部分和结构关系，形成一种对智能化体系的技术体制的概念描述，以统一和指导体系建设中技术体制的构建。

TV-1 可以结合体系特点和技术，从通用的技术参考模型中选择合适的参考模型，也可以结合架构特点和要求、技术发展趋势、关注的问题等，在通用技术参考模型的基础上进行修改。如果没有适用的技术参考模型，可根据需要建立。

智能化体系的技术体制在不同时间内会有所不同，因此技术参考模型会随着技术的发展而变化，但在一个阶段内相对稳定。

通常 TV-1 采用分类、层次的描述方法，参考模型可采用多种表示，示例如图 3-14 和图 3-15 所示。

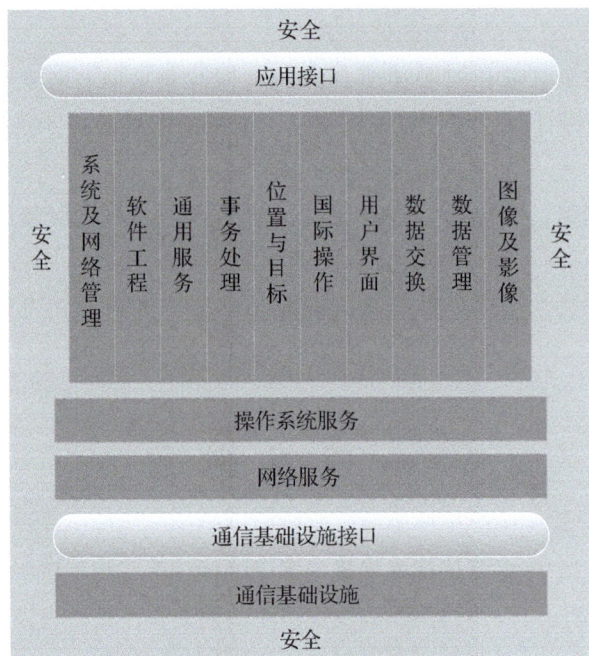

图 3-14　TV-1 示例一

3. 模型要素

TV-1 主要包含以下模型要素。

（1）技术分类。技术分类主要按照技术特性或应用层次对技术进行分类或分层。技术分类的原则可以按照技术领域分类，也可以根据具体技术体制的特点分类。

技术分类的主要属性包括：①名称，技术分类模型的名称；②标识，技术分类的唯一标识；③描述，简要说明技术分类的特点。

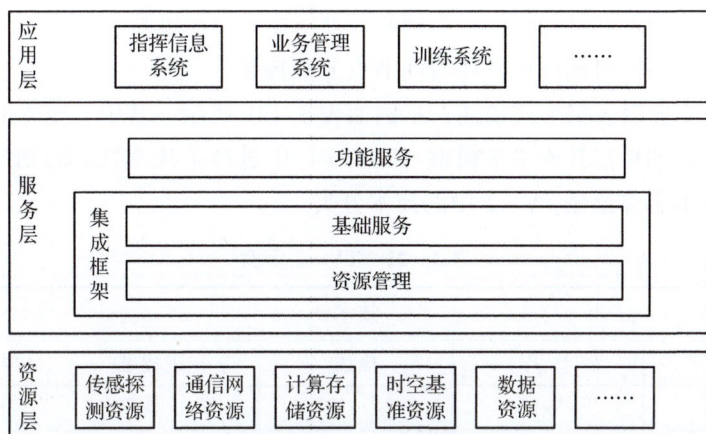

图 3 – 15　TV – 1 示例二

（2）技术分类结构关系。技术分类结构关系描述技术分类以及技术接口的组成结构关系。

技术分类结构关系的主要属性包括：①名称，技术分类结构关系的名称；②标识，技术分类结构关系的唯一标识；③描述，简要说明技术分类结构关系的特点；④源名称，关系起点对应的技术分类名称；⑤源标识，关系起点对应的技术分类标识；⑥汇名称，关系终点对应的技术分类名称；⑦汇标识，关系终点对应的技术分类标识。

（3）技术接口。技术接口主要描述不同技术分类模型之间的接口关系。

技术接口的主要属性包括：①名称，技术接口的名称；②标识，技术接口的唯一标识；③描述，简要描述技术接口的特点；④接口上层模型，技术接口上层的技术分类；⑤接口下层模型，技术接口下层的技术分类。

3.6.2　技术展望模型（TV – 2）

1. 模型定义

TV – 2 描述体系中关键技术的发展趋势，预测关键技术的发展阶段和可能达到的技术水平，为关键技术攻关和技术在体系中的应用提供指导和决策支持。

2. 模型描述

TV – 2 主要用于预测在体系中起关键作用、有重大影响的技术的发展趋势。技术展望分析主要基于当前技术水平和技术未来的发展方向，参考并借鉴技术分析预测的权威结果，预测未来一段时间段内关键技术可能达到的技术水平以及技术的成熟度。

技术展望通常划分为短期、中期和长期三个预测时间段，根据不同技术发展的特点，采用不同时间段或具体时间节点分别描述。

TV-2 主要以表格形式描述，示例如表 3-21 所示。其中，技术的名称为分类后的技术，如果在技术参考模型（TV-1）中进行了技术领域的划分，那么本模型中的技术名称遵循 TV-1 中的技术分类。

表 3-21　TV-2 示例

技术				
名称	标识	描述	先进程度	发展阶段
技术 1	××××	××××	与 × 持平	成熟期
技术 2	××××	××××	落后 × 年	成长期
⋮				

3. 模型要素

TV-2 主要包含以下模型要素。

（1）技术。技术描述支持体系建设、运用的技术体制。

技术的主要属性包括：①名称，技术的名称；②标识，技术对应的唯一标识；③特点，简要说明技术的特点；④所属分类，所属技术领域或技术分类的名称。

（2）技术发展预测。技术发展预测描述未来时间段或时间点技术的发展水平。

技术发展预测的主要属性包括：①名称，技术的名称；②标识，技术的唯一标识；③预测时间节点，被预测的关键时间节点；④技术水平，在预测时间点上，技术预计达到的水平，如关键性能指标等；⑤技术成熟度，说明在预测时间点上，技术是否成熟，是否达到应用水平等。

3.6.3　技术对能力的影响模型（TV-3）

1. 模型定义

TV-3 描述关键技术对体系能力的影响以及影响程度，为技术攻关、技术在体系中的应用等提供指导。

2. 模型描述

针对体系中采用的关键技术，TV-3 在分析这些技术的特点、技术运用机理与方式等的基础上，描述关键技术发展对体系能力的影响方式和影响程度。

能力技术关系模型描述应该具体明确某项技术影响的具体能力以及该项技术

对能力的影响方式，如技术是促进能力生成，还是阻碍能力生成，也可以详细说明影响的过程和原因。

影响的程度主要说明技术对能力影响的大小，如果不能定量分析或预测，也可以采用定性说明，如说明能力对技术是否敏感等。

TV-3 中的"能力"与能力视角中的"能力"数据保持一致，如果缺乏能力视角相关数据，可以选用能力分类等参考资源中的数据。

在 TV-2 中预测的关键技术一般需要在 TV-3 中分析它们对能力的影响。在模型描述中，可结合 TV-2 的内容，针对技术发展的不同阶段分别说明。注意，TV-3 中的技术领域和技术要与 TV-2 中的相关内容保持一致。

对于没有在技术展望中出现，但是对体系能力有较大影响的技术也可以在 TV-3 中说明。

TV-3 通常采用矩阵或表格描述，示例如表 3-22 所示。

表 3-22　TV-3 示例

能力名称	活动名称	活动效果属性	阶段
能力 1	活动 1	×	技术 1 的成熟度 N
能力 2	活动 2	×	技术 2 的成熟度 M
⋮	⋮		

3. 模型要素

TV-3 主要包含以下模型要素。

（1）技术。技术的主要属性见 3.6.2 小节中的内容。

（2）能力。能力的主要属性包括：①名称，能力的名称；②标识，能力的唯一标识；③描述，对能力的简要描述等。具体属性可以参见能力视角中能力的相关说明。

（3）技术对能力的影响。

技术对能力的影响的主要属性包括：①技术名称，被描述技术的名称；②能力名称，被影响能力的名称；③时间点，技术发展对能力影响的关键时间节点，④影响方式，技术对能力的影响方式；⑤影响程度，技术对能力的影响程度。

3.6.4　技术发展路线图模型（TV-4）

1. 模型定义

TV-4 是描述技术与活动、体系能力之间的关联关系。示例如图 3-16 所示。

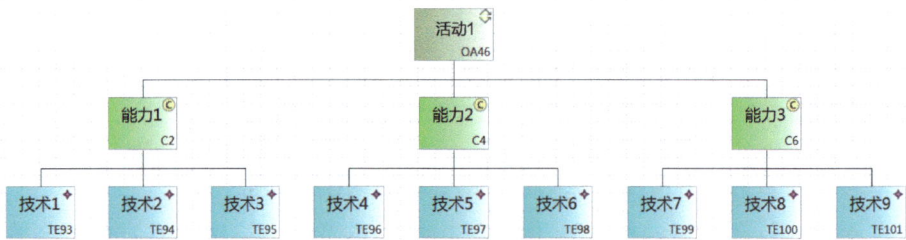

图 3-16 TV-4 示例

2. 模型描述

TV-4 主要是结合技术展望模型（TV-2）中对未来技术发展的预测和分析，提出指导关键技术发展的策略、技术演进的路线，并根据技术演进的路线和技术依赖关系，提出未来技术迁移过程中的技术兼容策略。

TV-4 中的"能力"与能力视角中的"能力"数据保持一致；"技术"与TV-2 中的"技术"数据保持一致，对于没有在 TV-2 中出现，但是对体系能力有较大影响的技术也可以在 TV-4 中说明。

3. 模型要素

TV-4 主要包含以下模型要素。

（1）技术。技术的主要属性见 3.6.2 小节中内容。

（2）能力。其是指能力名称和标识。更多属性可参见能力架构中对能力的定义。

（3）活动。其是指活动名称和标识。更多属性可参见运行架构中对活动的定义。

（4）活动与能力关系。

活动与能力关系的主要属性包括：①名称，活动与能力关系的名称。②标识，活动与能力关系的标识；③描述，对活动与能力关系的简要描述；④建设状态，表明活动与能力关系是否实现。

（5）能力与技术关系。

能力与技术关系的主要属性包括：①名称，能力与技术的名称；②标识，能力与技术的标识；③描述，对能力与技术的简要描述；④建设状态，表明能力与技术是否实现。

3.7 系 统 视 角

系统视角（SV）描述支持智能化体系完成任务的系统组成、系统结构、系统功能及其演化过程。其目的是为系统规划和建设提供依据。

3.7.1 系统组成模型（SV-1）

1. 模型定义

SV-1描述智能化体系中支持信息活动的系统分类与组成。其目的是为体系中系统规划和建设提供指导和决策支持。

2. 模型描述

SV-1的主要任务是构建系统资源体系，主要描述系统分类、各类系统的组成、系统完成的功能等。这里的"系统"是广义的概念，泛指体系中具有一定功能的人造资源，主要包括信息系统、信息基础设施、信息资源、信息化装备、软件、设施等。

与系统体系结构设计不同，这里的系统主要说明某类系统，不定位为体系中某个具体的实际系统。如果是对于现有体系架构（As-Is架构）的描述，根据需要也可明确某类系统包含的具体实际对象，如某信息系统或某型装备等。

SV-1要合理规划系统分类与组成，并将系统功能部署给各系统。SV-4中的功能来自SV-1中建立的系统功能集。

在SV-1设计中，可结合使命任务、典型场景、环境以及对手等情况，确定各系统的数量、部署特点和要求等。

SV-1通常采用树状图形式进行建模，如图3-17所示，不同关系线可采用不同线型表示，如图中空心三角箭头表示分类关系，无箭头折线表示组成关系。

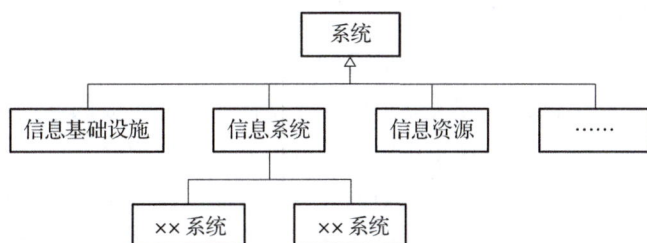

图 3-17　SV-1 示例

3. 模型要素

SV-1主要包括以下模型要素。

（1）系统。系统描述支持体系完成所承担活动系统的组成、结构以及系统具备的功能和演化过程。

系统的主要属性包括：①名称，系统的名称；②标识，系统的唯一标识；③类别，描述系统所属的类别（系统类别按照某种原则划分）；④描述，简要说明系统的使用场景、作用、要求等；⑤状态，如果细化到某个具体系统，就要描述该属性。系统所属的状态可分为已有、在建、待建等；⑥完成的功能，系统应该具备的或提供的功能集，来自 SV-1 中的功能；⑦数量要求，体系中需要该类系统的数量。该内容可以在典型场景或任务对系统数量需求分析的基础上综合得到；⑧可能部署方式，该类系统在体系中的可能部署情况与要求；⑨对应的实际资源，必要时可指出该类系统对应的实际系统名称，可能存在多个对应的实际系统。

（2）系统组成/分类关系。系统组成/分类关系用于描述智能化体系中支持各项活动的系统分类与组成。其目的是为体系中的系统规划和建设提供指导和决策支持。

系统组成/分类关系的主要属性包括：①名称，系统关系的名称；②标识，系统关系的唯一标识；③描述，关系的简要说明；④源系统，关系起点对应的系统名称；⑤源标识，关系起点对应的系统标识；⑥汇系统，关系终点对应的系统名称；⑦汇标识，关系终点对应的系统标识。

3.7.2　系统信息交互模型（SV-2）

1. 模型定义

SV-2 描述在一定任务或典型场景下，为支持能力生成，系统间需要建立的交互关系。其目的是为系统建设、体系运用提供指导。

2. 模型描述

系统相互作用是形成体系能力的基础。SV-4 主要针对基本信息流过程或典型场景，描述系统之间的交互关系，建立支持体系能力生成的通用结构和能力生成的约束条件，形成智能化体系中能力生成的基本结构模式。

系统信息交互关系主要说明交换的内容、遵循的标准规范、交互的规则和机制、接口等，不描述交互关系具体的物理实现方式。

在定义系统交换关系及结构的同时要描述该结构生成能力的机制和约束，说明系统交互关系可能生成的能力、能力生成的机制和规则、能力生成所需要满足的条件等。

为了更完整地说明体系能力生成结构或机制，如果具备相关的领域知识，设计人员可以在描述系统间交换关系的同时，针对能力生成的需求，简单说明能力生成对组织角色的要求，以及系统与组织角色的交互关系等。

SV－2 中的系统来源于 SV－1 中定义的系统集。

SV－2 可以采用如图 3－18 所示的方式描述。其中，虚线框表示生成某种能力的基本结构。

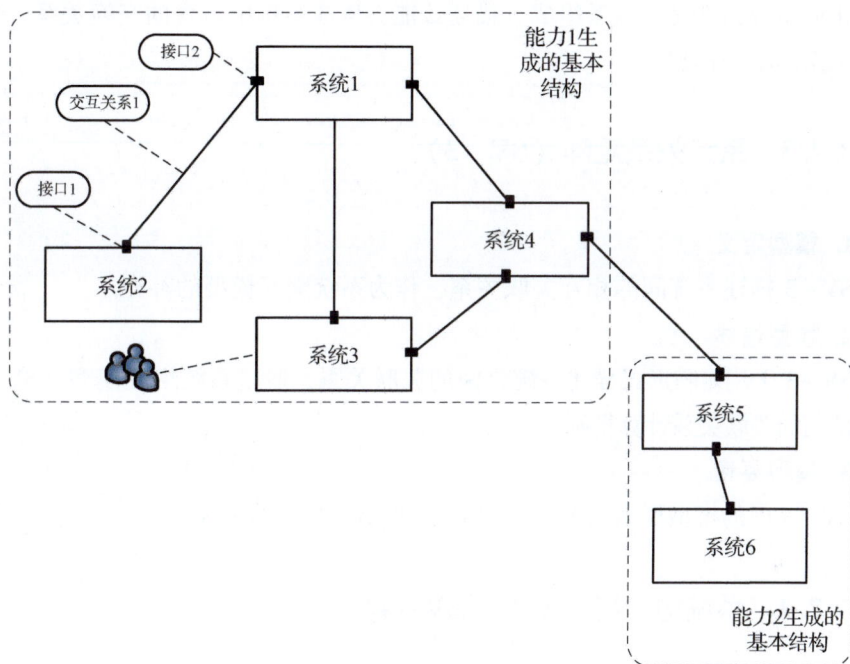

图 3－18　SV－2 示例

3. 模型要素

SV－2 主要包含以下模型要素。

（1）系统。系统的主要属性参见系统组成描述模型。

（2）交换关系。

交换关系的主要属性包括：①名称，交互关系的名称；②标识，交互关系的唯一标识；③源端接口描述，系统交换关系源端接口的名称；④终端接口描述，系统交换关系终端接口的名称；⑤信息交换，描述系统交互关系中传输的信息。

（3）接口。接口的主要属性参见系统接口规范。

（4）能力生成结构。能力生成结构是指系统中生成能力的方式，如关联能力、资源组成等。

能力生成结构的主要属性包括：①名称，能力生成结构的名称；②标识，能力生成结构的唯一标识；③关联的能力，关联能力的名称，来源于能力架构或通用能力清单；④能力生成机制，简要描述该结构生成能力的过程或机制；⑤能力生成条件，简要说明该结构生成能力的条件，如遵循规则、设施环境要求、人力资源要求等；⑥资源组成，描述该能力生成结构中包含的资源，可以是系统和人力资源，并列出资源的唯一标识，同时说明资源的调用方式，如是实地部署还是服务化调用等；⑦交互关系组成，描述该能力生成结构中包含的交换关系，列出交互关系的唯一标识。

3.7.3 系统关系矩阵（SV - 3）

1. 模型定义

SV - 3 描述系统间的相互关联关系，作为系统交互模型的补充。

2. 模型描述

SV - 3 采用矩阵形式描述系统之间的关联关系，通过系统组成模型（SV - 1）中系统间的关联关系计算得到。

3. 模型要素

SV - 3 中的模型要素与 SV - 2 相同，见 SV - 2 中的描述。

3.7.4 系统功能描述模型（SV - 4）

1. 模型定义

SV - 4 设计支持体系完成任务、形成体系能力所需的功能分类与组成。其目的是为系统规划与建设提供支持。

2. 模型描述

SV - 4 的主要工作是构建系统功能体系，通过对智能化体系架构中定义的活动和功能的综合分析，构建系统功能模型。SV - 1 将功能按照不同分类组织，建立功能之间的分解关系。

如果在智能化体系架构中针对信息活动提出功能需求，SV - 4 就可以以这些功能需求为基础，通过综合分析进行功能设计，并在此基础上自顶向下细化分解功能。

如果智能化体系架构中没有定义支持信息活动的功能需求，就需要综合分析信息活动的信息转换、约束条件以及活动执行效果等来定义功能，并对定义的功能进行细化分解。

SV - 4 一般采用树形图形式描述，示例如图 3 - 19 所示。

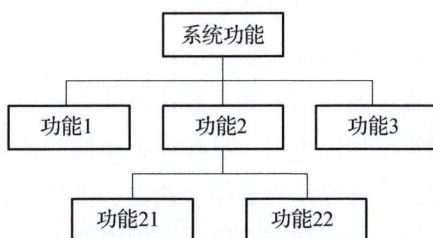

图 3 - 19　SV - 4 示例

3. 模型要素

SV - 4 主要包含以下模型要素。

（1）系统。系统描述支持体系完成所承担活动系统的组成、结构以及系统具备的功能和演化过程。

系统的主要属性包括：①名称，系统的名称；②标识，系统的唯一标识；③类别，描述系统所属的类别（系统类别按照某种原则划分）；④描述，简要说明系统使用场景、作用、要求等；⑤状态，如果细化到某个具体系统，就需要描述该属性（系统所属的状态分为已有、在建、待建等）；⑥完成的功能，系统应该具备的或提供的功能集，来自 SV - 1 中的功能；⑦数量要求，体系中需要该类系统的数量（该内容可以在典型场景或任务对系统数量需求分析的基础上综合得到）；⑧可能部署方式，该类系统在体系中的可能部署情况与要求；⑨对应的实际资源，必要时可指出该类系统对应的实际系统名称（可能存在多个对应的实际系统）。

（2）系统功能。系统功能是指产品按照设计或设想的方式所起到的作用，是产品的天然属性，是产品价值的重要组成部分。

系统功能的主要属性包括：①名称，系统功能的名称；②标识，系统功能的唯一标识；③描述，系统功能的简要说明；④基本要求，简要说明系统功能具备的基本功效以及相关约束条件。

3.7.5　系统与能力映射关系（SV - 5）

1. 模型定义

SV - 5 描述能力与系统的关系，说明系统对体系能力形成的支持作用以及支持的程度，为系统开发和体系能力建设的规划决策提供支持。

2. 模型描述

SV – 5 主要反映体系能力所需要的系统。SV – 5 中的系统来自 SV – 1 定义的系统，能力来源于体系能力清单或信息架构中定义的能力清单。

由于系统在能力生成中的作用不同，系统与能力的关系可以有不同类型。根据系统在能力生成中的重要程度不同，可建立不同的关系类型。如根据系统对能力支持的重要程度不同，关系可分为必须、关键、可替代、不支持等。在系统与能力的关系描述中，还可以对每种关系进行详细说明。

SV – 5 描述的关系是多对多的，即一个能力可由多个系统支持，一个系统也可以支持多个能力。

SV – 2 重点描述在典型场景或任务下，生成能力的系统交互关系，SV – 5 直观表示系统对各能力的支持作用。系统与能力的关系应该在 SV – 4 设计数据的基础上综合分析归纳得到，并说明系统对能力的支撑程度。

SV – 5 通常采用矩阵形式描述，示例如表 3 – 23 所示。其中，矩阵的行表示系统；矩阵的列表示能力；单元格表示系统与能力的关系；不同的图标表示不同的支撑关系。

表 3 – 23 SV – 5 示例

系统	能力 1	能力 2	能力 3	能力 4	……
系统 1					
系统 2					
⋮					

3. 模型要素

SV – 5 主要包含以下模型要素。

（1）能力。其来自能力视角的能力分类模型（CV – 2）或体系能力分类。

（2）系统。系统的主要属性参见 3.7.1 节中的内容。

（3）系统与能力关系。系统与能力关系是系统与其支撑的能力之间的关联关系。

系统与能力关系的主要属性包括：①名称，系统与能力关系的名称；②标识，系统与能力关系的标识；③关系类型，关系所属的类型，描述系统对能力的支持程度，如必须、关键、可替代、不支持等；④关系描述，简要说明系统与能力的关系；⑤能力标识，关系关联的能力的标识；⑥能力名称，关系关联的能力的名称；⑦系统名称，关系关联的系统的名称；⑧系统标识，关系关联的系统的标识。

3.7.6 系统与活动映射关系（SV-6）

1. 模型定义

SV-6 描述活动与系统的关系，说明系统对活动执行的支持作用以及支持程度，为系统开发和体系建设的规划决策提供支持。

2. 模型描述

SV-6 主要描述系统对活动的支持关系，这里的活动可以指任务活动，也可以指信息活动。

SV-6 中的系统来自 SV-1 定义的系统，SV-6 中的活动来源于 OV-5b，或者 IAV-1a，也可以来自相关参考资源的数据。

由于系统对活动支持作用不同，系统与活动的关系可以有不同类型。例如，根据系统在活动执行中的作用不同，建立必须、关键、可替代、不支持等不同的关系类型。在关系描述中，还可以对每种关系进行详细说明。这种关系是多对多的，即一个活动与多个系统相关，或一个系统可以支持多个活动。

SV-6 通常采用矩阵形式描述，示例如表 3-24 所示。其中，矩阵的行表示系统，矩阵的列表示信息活动，矩阵单元格表示系统与活动的关系，不同的图标表示不同的支撑关系。

表 3-24 SV-6 示例

系统	信息活动1	信息活动2	信息活动3	……
系统1	√	○	√	
系统2	√	√	√	
系统3	√	—	—	

3. 模型要素

SV-6 主要包含以下模型要素。

（1）活动。来自 OV-5a 的任务/活动分解和通用任务清单等相关参考资源；或者来自信息活动视角的 IAV-1a 中的信息活动，或者 IAV-3 中的相关信息活动。

（2）系统。属性参见 3.7.1 节中的内容。

（3）系统与活动关系。

系统与活动关系的主要属性包括：①名称，系统与活动关系名称；②标识，系统与活动关系标识；③关系类型，关系所属的类型，描述系统对活动执行的支持作用，如必须、关键、可替代、不支持等；④关系描述，系统与活动关系简要说明；⑤系统名称，关联的系统的名称；⑥系统标识，关联的系统的标识；⑦活动标识，关联的活动的标识；⑧活动名称，关联的活动的名称。

3.7.7 系统性能描述模型（SV-7）

1. 模型定义

SV-7描述系统所具备的关键性参数以及各性能参数的指标值，用于指导系统建设。

2. 模型描述

SV-7针对各系统完成的功能而提出的系统的度量指标，并分析各性能指标与功能和能力的关系。

以信息活动模型或流程为基础，分析系统对信息流程的支持。针对系统完成的功能，定义各类系统的性能指标，分析各度量指标与功能之间的映射关系。

根据系统对信息流程或活动的支持、信息活动执行效果的指标值，定义系统各性能指标的具体参数值。

根据能力效果值以及能力与信息活动的关系，建立系统性能参数与能力之间的关系，进一步分析各性能参数值。

SV-7中系统可来自SV-1中定义的系统。

SV-7可采用表格形式描述，示例如表3-25所示。

表 3-25 SV-7 示例

系统	性能参数	描述	指标值	度量单位	关联的功能	影响的能力
雷达	探测距离		$X>1\,000$		探测	感知能力
	探测精度					
通信设备						

3. 模型要素

SV-7主要包含以下模型要素。

（1）系统。系统的主要属性参见 3.7.1 节中的内容。

（2）性能指标。性能指标是指系统功能好坏的评判标准。

性能指标的主要属性包括：①名称，性能指标的名称；②标识，性能指标的唯一标识；③描述，性能指标的简要说明；④参数，性能指标的具体参数值；⑤度量单位，指标对应的度量单位；⑥关联的功能，性能指标关联的系统功能名称；⑦影响的能力，与性能指标相关的能力名称，可以是多个能力。

（3）系统功能。系统功能的主要属性参见 3.7.4 小节的内容。

（4）能力。其主要指能力的名称。能力来自信息架构和需求架构对能力的设计内容，也可以来自参考资源中的能力清单。

3.8　智　能　视　角

智能视角（INV）分析智能化运行的资源自组织、任务可重构等特征，对资源、活动、组织机构的可变规则进行设计，体现智能化运行的动态特征。

3.8.1　动态编排规则模型（INV-1）

1. 模型定义

INV-1 主要从智能的角度描述完成特定任务所必要的运行节点规则，重点以运行节点智能规则描述为主，进一步描述在特定使命任务下的资源流流转的智能规则。

2. 模型描述

INV-1 采用表格形式描述运行节点的相关智能规则，与 OV-2 中运行节点相关联。描述包含运行节点的智能规则及运行节点间资源流流转的智能规则，并明确智能规则的影响范围。资源流类型可为信息流、资金流、人员流、物资流，或对其进行子分类（如指令类信息流、情报类信息流、保障类信息流等），智能规则可包含密级要求、权限要求、时效要求、互操作性要求、优先序要求等。

3. 模型要素

INV-1 主要包含智能规则名称、智能规则描述、智能规则影响范围和约束的运行节点。示例如表 3-26 所示。

表 3-26 INV-1 示例

智能规则名称	智能规则描述	智能规则影响范围	约束的运行节点

（1）智能规则名称，即说明具体的智能规则的名称。

（2）智能规则描述，即描述在智能化体系中涉及的节点、活动、组织机构以及它们之间关联关系遵循的各种智能规则。

（3）智能规则影响范围，即描述智能化运行规则应用的运营维护样式、想定等。

（4）约束的运行节点，即受智能规则约束的各个运行节点。

3.8.2 组织协调规则模型（INV-2）

1. 模型定义

INV-2 描述完成特定任务所必要的智能化指挥关系转移依赖和规则，重点以指挥流描述为主。在智能化体系的背景下，可以根据动态协同的特点，进一步描述在特定使命任务下的动态指挥关系。

2. 模型描述

INV-2 采用表格形式描述组织指挥的相关智能规则，与 OV-4 中组织机构间相关联，与指挥关系一一对应。描述包含组织机构的智能规则及指挥关系的智能规则，并明确智能规则的影响范围。指挥关系包括直接指挥和间接指挥。

3. 模型要素

INV-2 主要包含智能规则名称、智能规则描述、智能规则影响范围和约束的组织机构。INV-2 示例如表 3-27 所示。

表 3-27 INV-2 示例

智能规则名称	智能规则描述	智能规则影响范围	约束的组织机构

（1）智能规则名称，即说明具体的智能规则的名称。

（2）智能规则描述，即描述在智能化体系中涉及的节点、活动、组织机构以及它们之间关联关系遵循的各种智能规则。

（3）智能规则影响范围，即描述智能化运行规则应用的运营维护样式、想定等。

（4）约束的组织机构，即受智能规则约束的各个指挥机构。

3.8.3　任务协同规则模型（INV−3）

1. 模型定义

INV−3 主要从智能的角度描述完成特定任务所必需的活动规则，重点以活动智能规则描述为主，进一步描述活动间资源流流转的智能规则，也可对智能算法的加工处理过程进行描述。

2. 模型描述

INV−3 采用表格形式描述活动的相关智能规则，与 OV−2 中的活动相关联。描述包含活动的智能规则及活动间资源流流转的智能规则，并明确智能规则的影响范围。资源流类型可为信息流、资金流、人员流、物资流，或其进一步进行子分类（如指令类信息流、情报类信息流、保障类信息流等），智能规则可包含密级要求、权限要求、时效要求、互操作性要求、优先序要求等。

3. 模型要素

INV−3 主要包含智能规则名称、智能规则描述、智能规则影响范围和约束的活动。INV−3 示例如表 3−28 所示。

表 3−28　INV−3 示例

智能规则名称	智能规则描述	智能规则影响范围	约束的活动

（1）智能规则名称，即说明具体的智能规则的名称。

（2）智能规则描述，即描述在智能化体系中涉及的节点、活动、组织机构以及它们之间关联关系遵循的各种智能规则。

（3）智能规则影响范围，即描述智能化运行规则应用的运营维护样式、想定等。

（4）约束的活动，即受智能规则约束的各个活动。

第4章

智能化体系架构设计技术

4.1 智能化体系架构设计开发模式

4.1.1 智能化体系架构的设计

在本章提出一种智能化体系架构"总—分—总"的设计模式。

（1）"总"：由体系设计人员总体确定统一的设计方法、规则要求和架构设计工具，明确各分域任务分工、协作模式，并开展智能化体系架构设计。

（2）"分"：各分域的业务人员和技术人员按照总体要求开展分域体系架构设计，确保分域内部设计的规范性和准确性。

（3）"总"：体系设计人员在基于分域开展的体系架构设计成果，总体进行设计集成并开展关联性验证，在集成过程中特别关注不同分域间概念的一致性、交互的一致性等内容，保障智能化体系形成纵向贯通，横向融合的一个整体，以达到预期目的。智能化体系的总体设计思路如图4-1所示。

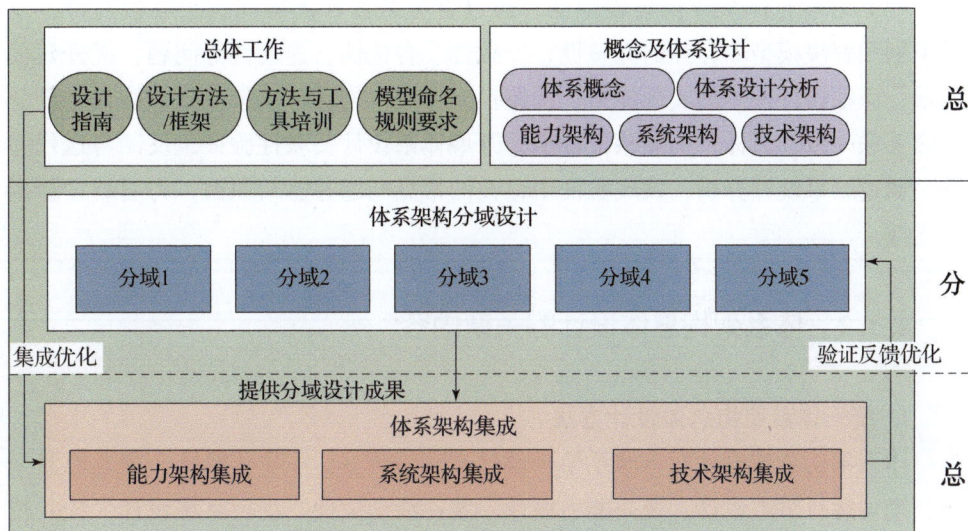

图 4 - 1　智能化体系的总体设计思路

（1）智能化体系设计总体工作包括设计指南研究、设计方法/框架研究、方法与工具培训、模型命名规则要求等，对各分域架构设计起到指导与规范作用。通过设计指南研究，进一步辨析智能设计的特征，提出智能化体系设计任务列表，形成设计指南，以指导开展智能化体系架构设计；通过设计方法/框架确定，对智能化体系架构设计主要步骤，对应注意的问题进行描述；通过架构方法与工具培训，确保分域架构设计人员掌握设计所需的理论方法和实践操作的技能，保障设计工作的顺利实施；模型命名规则要求对标识、前缀等进行详细规定，提升分域架构交互的一致性。

（2）智能化体系概念及体系设计分析，主要针对智能化运行的核心概念、兵力、运营维护样式等进行设计分析，反映智能化运行的核心理念，牵引系统构建落实。围绕智能化运行的核心思想，提出多类运营维护样式，涵盖内涵要义、运营维护环境、制胜策略、智能化体系、主要活动等内容，形成对运行概念的整体刻画。

（3）智能化体系的系统实现（总体架构），主要基于运行概念设计，分析智能化体系应具备的能力、运行的主要任务活动、所包含的系统以及支撑能力与系统实现的技术等内容，共同构成智能化体系的细节描述。基于智能化运行概念，分析应具备的能力，设计构建相应的活动模型，并提出支撑能力实现的具体系统；同时，构建智能化体系的技术体制，明确技术体制的演化策略和过程，指导体系建设、体系运用和体系演化。

（4）智能化体系架构集成验证，通过各分域设计内容间的关联性验证，及时识别和解决模型中存在的完整性、一致性、合法性、连通性等问题，提升建模质量，保证设计模型的实现能力。围绕提升分域架构设计成果质量、确保各部分内容关联一致的目标，构建验证环境，开展体系设计关联性验证、反馈与迭代完善，通过结果统计分析，发现验证中存在的常见问题并总结原因，为后续设计提供支撑。

4.1.2　体系架构总体设计的关键内容

1. 统一体系架构总体设计方法

体系架构总体设计对于体系架构设计方法的统一，主要包括统一背景愿景设计、统一运行节点设计、统一能力设计、统一活动设计、统一系统设计、统一技术路线设计、统一标准体系设计等，各部分有机衔接，并且迭代推进，从而实现设计的不断完善。

（1）统一背景愿景设计。确定设计目的、范围和环境，主要确定设计的背景、描绘架构的未来愿景，完成概念定义和部分术语的确定。

（2）统一运行节点设计。确定运行概念、运行节点和节点间流传输的信息流，以及高级运行概念、资源流模型、组织关系模型等。

（3）统一能力设计。旨在通过宏观战略发展构想分析，首先确立高层能力需求，以此为基础设计未来的运行概念和应用场景；然后在活动设计过程中进一步建立活动与能力的映射，通过活动的效果属性分析，设计能力效果属性，将能力进一步量化并开展能力的演进分析。

（4）统一活动设计。依据运行概念和应用场景，结合指挥体制和运行实践，对智能化体系使命任务进行细化分解，对使命任务、信息活动或业务进行建模，总结智能化的自组织、可重构任务规则和遵从的约束，并从任务过程、事件执行顺序、节点间协作关系等多个侧面对任务进行细节刻画。

（5）统一系统设计。一般以能力和活动设计的结果为基础，针对能力视角和运行视角提出的需求，设计系统。

（6）统一技术路线设计。主要从技术实现与管理的角度，描述支持体系建设、运用的技术体制，分析、预测对体系有较大影响关键技术的发展趋势，确定关键技术的演化策略，规范体系建设与演化的技术实现手段与方法。

（7）统一标准体系设计。标准规范视角描述智能联合反航母体系建设和运用相关的标准、规范、条令、条例、规则、政策法规等内容，其目的是为智能联合反航母体系规划、建设、评估、管理、运用等提供依据。

2. 统一参考资源设计方法与模板

为规范各分域架构设计，总体组拟制设计参考资源设计方法，给定模板，牵引各分域提炼其设计需求、开展具体模型设计（见图 4-2）。

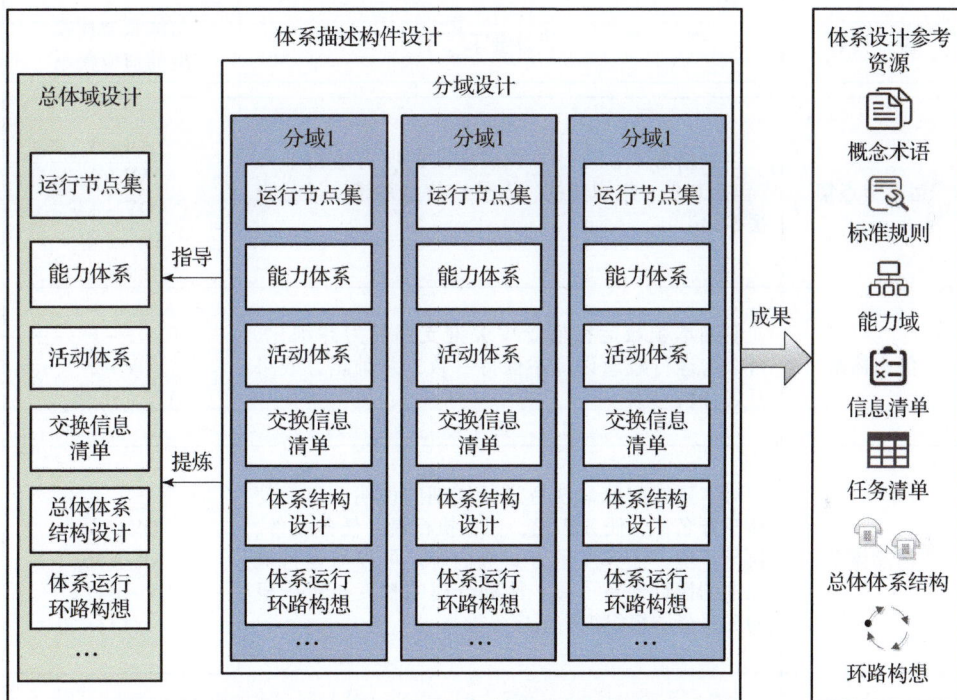

图 4-2　体系描述构件设计总体方案

为了更高效地开展体系设计内容要素的设计，在项目开展早期，开展总体域的体系结构设计，设计体系结构产品标识方法及规定，定义各功能活动的概念和基本术语，提出能力目标和建设导向，规范体系的构建模式和遂行使命任务的基本规则，为能力评估提供定性与定量标准，开展环路构想总体体系结构、任务清单和信息清单的顶层设计。

待顶层参考资源设计确定后，总体域及各分域各自开展本领域体系结构设计工作，基于架构设计规范和工具，围绕能力、运行、系统和技术等视角进行节点、能力、活动以及交换信息等体系结构描述构件的设计。

在总体域及各分域开展设计的过程中，对体系结构设计成果集成，确保体系结构总体和分域有机关联，构成统一整体，主要包括组织机构、业务过程、信息活动流程、能力效果要求等方面的集成验证，在集成过程中对成果进行"总体—分域"的迭代设计，形成纵向贯通、横向融合的体系架构。

针对各分域，通用的设计要求如表 4 – 1 所示。

表 4 – 1　各分域通用的设计要求

设计内容	设计要求	与体系架构模型的对应关系
运行节点集	以表格形式，设计本领域涉及的所有运行节点（包括装备、组织机构、人员、信息系统、运行支援术语）	AV – 3 AV – 4 OV – 4 SV – 2 等
能力体系	明确本领域运行概念中关键支撑能力并细化，可以与运行概念设计中保持一致，并对能力效果开展分析	CV – 1 CV – 2 CV – 5b 等
活动体系	对本领域的使命任务进行详细的说明，包括使命任务名称、任务描述、任务执行者、任务条件、执行环境、任务度量方式等内容。可以与运行概念中的设计保持一致。活动分解的粒度与组织机构关系最末级组织相适应	OV – 5a OV – 5b OV – 6a 等
交换信息清单	描述本领域运行过程中涉及的所有交换的信息，包括组织节点、装备、人员、信息系统之间交换的信息名称、描述，信息的来源和信息的去向	IAV – 4b OV – 5a OV – 4 IAV – 1a
总体体系结构设计	以图形和文字的形式描述本领域智能化体系的组成要素、层级划分、关联关系、信息流程以及协同机制等	OV – 1
体系运行环路构想	以运行链的形式，分战前、战中、战时、战后等阶段列举出本领域运行过程中涉及的所有环路（决策链、杀伤链等）	OV – 5b

3. 统一体系架构设计工具

基于项目的统一的体系设计方法和遵循的体系设计框架，组建专业研发团队自主研制体系架构设计工具，或者采用目前主流的体系设计工具。该工具应该可以支撑体系架构框架中规定的全视角、能力视角、运行视角、系统视角、智能视角、技术视角等的模型设计。最后，进行能力架构、系统架构和技术架构的集成。

4.1.3　体系架构分域设计的关键内容

体系架构分域设计的关键内容主要包括以下七个方面[34]。

1. 提出体系构想

在确定需要构建一个体系时，体系工程团队就需要理解和明确表达体系在技术层的期望，提出体系构想。体系构想内容包括场景主题、场景背景、场景特定、体系要素（实体、活动等）等，是开展体系建模设计的开始；设计形成的体系构想作为建模设计的输入。在完成体系构想之后，进一步需要理解体系特征和动态演化，明确体系的约束和规则以及设计体系的动态演化策略，随着时间和环境的变化，体系工程团队需要不断更迭体系构想的期望，根据当时的环境和技术手段调整体系的动态演化策略。

2. 理解体系的组成要素及其关系（体系的理解）

理解体系的组成要素及其关系，是按照体系构想中定义的体系，对体系要素节点间、组织机构与人员间的关系设计建模，清晰地表述体系中的各要素组成及关系。针对体系要素，运用运行节点连接关系（OV-2）建立体系节点之间的资源流关系，针对组织机构与人员，运用组织关系模型（OV-4）建立场景中涉及的组织机构与人员之间的指挥、协同、组成关系。

3. 体系性能评估

体系性能评估是体系工程师建立与实现途径无关的体系性能测度与评估方法的过程，在智能化体系架构产品中选取本体系设计涉及的体系能力，使用体系架构设计工具能力视角中的不同模型，建立体系能力的分解关系、"能力—活动""能力—活动效果—活动效果属性"的关联映射，以及活动效果的内涵、度量方法、约束条件等模型，如能力构想模型（CV-1）、能力分类模型（CV-2）、能力与活动关系模型（CV-4b）、能力效果模型（CV-5b），实现体系能力与体系活动要素的关联。

4. 体系结构开发

体系结构开发是根据构想形成的体系任务要素，对任务中的活动流程设计建模。使用任务分解模型（OV – 5a）分解作战活动、建立体系活动间的任务过程模型（OV – 5b）、关联执行该体系活动的节点、组织结构与人员，设计形成体系活动的逻辑关系。接着考虑体系的当前和未来的状态，设计体系规则针对体系活动在不同规则约束下的能力表现，设定体系活动的执行规则。根据任务分解模型（OV – 5a）和设计运行规则模型（OV – 6a）提出任务执行中的体系规则，包括规则描述、作用范围等。在体系结构开发过程中，如果体系的任务要素与约束规则发生冲突，就需要体系工程师和系统工程师进行会议评估和权衡体系设计方案。

5. 体系变化监测

体系变化监测需要体系工程师必须掌握组成体系的各要素的演变规则，这些规则可能和体系的演化规则不一致。所以体系工程师需要时刻关注体系各要素功能性能的变化，考虑要素在体系演变中产生的效果，排解体系问题。

6. 评估需求，选择方案

体系的需求包括两个层面：其一是体系整体的需求，这一层面的需求通过组成体系的各要素实现；其二是体系各要素的需求，这一层面的需求是单个要素本身的需求。体系设计人员可能了解两个层面的需求，也可能只了解一个层面的需求。一个体系由很多设计人员共同设计，这就涉及设计方案的选择。在完成前面五个关键内容后，面对设计得到的不同体系设计方案，需要采用定性、定量的方法对体系的需求和能力满足程度进行评估分析，通常体系设计工作涉及众多体系要素的需求管理人员和设计参与者，无法得到一个统一的意见，最终需要顶层的体系工程师开展决策。

7. 体系升级演化的协同（体系的协同）

在根据体系的构想，确定体系的设计和演变规则策略之后，体系工程师需要协同体系设计的需求发起方、各领域管理者、体系要素需求方、设计人员、研发人员等，全面开展体系工程的相关构建工作。在体系的构建、升级、演化过程中，体系工程师需要随时起到顶层牵引的带头作用，监督协调整体的进程，确保任何要素的调整在可控范围内，体系的能力发展在期望的路线上。

在体系七个方面的关键内容中，提出体系构想、体系的理解和体系变化监测是体系工程关键领域问题，也是体系所强调的问题域（见图 4 – 3）。尽管这三个关键内容也体现在系统工程中，但是由于体系的开放性，外部环境因素对体系工程产生重要影响。在体系工程上，这三个环节扮演了重要的过程角色。体系评估需求与选择方案、体系性能评估和体系的协同是术语体系升级演化过程的领域问题，体系结构开发是建立体系运行稳定的框架结构。

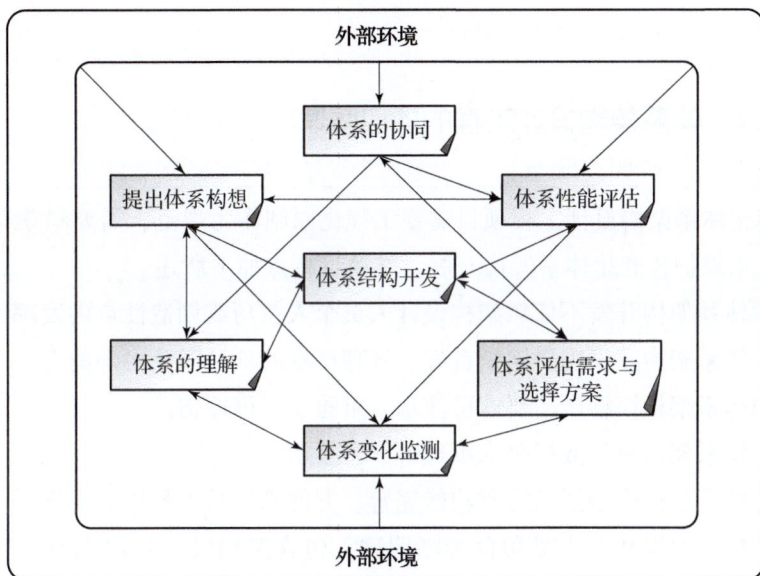

图 4 - 3　体系工程关键内容间的关系

在一般情况下，体系要素的技术需求在体系构想提出之初就已经明确，在体系设计工作中，由于体系构想的提出是顶层需求的牵引，所以其处于体系设计的最高层次。在这一过程中，体系的构想就需要明确体系的能力构想，所以体系工程师在开展体系各分域设计工作的分配时，需要充分了解各要素设计者或者建设者的能力和遵循的技术体制是否在本体系构想框架下。

同时在智能化体系设计的需求驱动下，体系工程师最重要的职责就是理解体系的动态变化，掌握体系动态变化可能给体系整体能力带来的涌现影响，并牢牢掌握体系的升级演化的规则。在进行一次体系的升级开发时，体系工程师需要提出要解决的需求，并与系统工程团队发现解决需求的契机和方法，通过分析和权衡制订开发计划。体系的要素设计和研发工程团队在其要素增加新的功能时，要按照一般功能验证过程进行测试。一旦计划制订，就必须提交给体系工程师审查，体系工程师承担系统在体系层的集成和测试工作，以实现体系的目标。

分域体系工程关键内容的实施由体系总体工程师主导，体系的各要素设计工程师配合。不同的体系分域设计工作需要建立不同的专业设计工作承担组织，通过总体牵引、分域设计，最终实现智能化体系的设计和迭代。

4.2 智能化体系架构设计工程管理

4.2.1 体系架构设计工程的项目管理

智能化体系架构设计工程项目需要工程化原则作为规范，需要科学化方法作为指导，来维护智能化体系架构开展。其项目特点如下所述。

（1）体系架构开发不依靠架构设计人员个人技巧或创造性自由发挥。

（2）体系架构开发需要组织良好、管理严密的项目团队协同配合。

（3）体系架构模型产品要求可演示、可验证、可评估。

（4）体系架构模型数据要求可理解、可重用。

（5）体系架构模型开发需要功能完善、方便简洁的工具作为支撑。

（6）体系架构开发人员角色清晰明确，包含架构设计组织人员、管理人员和架构设计人员。

体系架构设计工程的特殊性，决定了在进行项目管理时，必须采取适应它的管理体制、管理方法和管理手段。根据体系架构设计工程迭代增量式开发特点，其项目管理方法采用"四个阶段"和"四个规程"相结合的管理模式进行综合管理。

体系架构设计工程的项目管理是一种迭代增量式的开发过程，这种迭代和增量式管理在项目全生命周期中每次迭代中出现。其架构项目开发过程采用经典的驼峰图进行表示。

图4-4所示为体系架构设计项目选代管理模型。架构开发共包含四个阶段和四个规程。其中，四个阶段分别为初始阶段、开展阶段、细化阶段和交付阶段，并且每个阶段都以一个重大的里程碑结束。在架构开发的整个过程中，每个阶段都起着至关重要的作用。四个规程分别为需求分析、架构设计、模型审查和验证评估。不同规程在架构设计过程中所关注的侧重点有所不同。从过程上，我们将开发分为了四个规程。在本规范中，规程的含义是指"基于相似关注和相似努力方向的一类活动"。一个规程即一系列与整个项目中某个主要"研究领域"相关活动的基础。

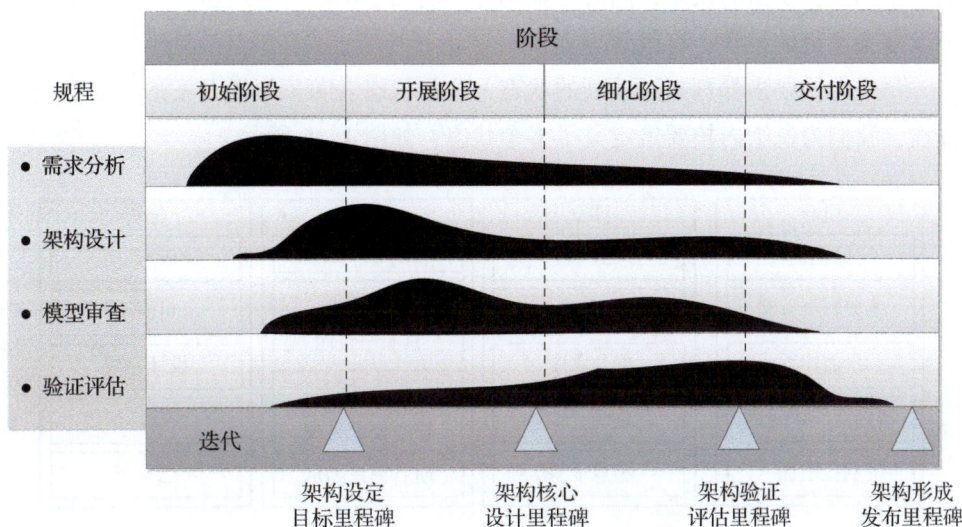

图 4 - 4　体系架构设计项目迭代管理模型

4.2.2　体系架构设计工程的开发内核要素管理

架构工程内核要素是指在架构工程过程中，一个团队必须考虑且能够用来说明架构开发进展和健康状况的多个方面。智能化体系架构设计包括以下七个内核要素。

（1）机会：使得开发或者改变架构变得合理的一组事实依据。

（2）涉众：影响架构或被架构影响的个人、团体或者组织，又称为利益相关者、干系人等。

（3）要求：为了赢得机会和满足涉众，架构必须要达到的要求。

（4）架构：通过对架构的理解、达成共识、指导未来系统/体系建设来体现其主要价值。

（5）团队：一组具体从事特定架构开发、维护、交付和支持的人员。

（6）工作：实现某一目标而做的涉及脑力劳动和体力劳动的活动。

（7）工作方式：团队用于指导和支持其工作所采用的一组定制的实践和工具。

根据架构开发过程涉及的内核要素，我们对其进行管理。通过规定架构开发七个不同内核要素的状态，同时与架构开发的四个阶段进行对应，从而完成架构开发复杂项目的科学、有效管理。

每个内核要素都具有一系列的状态，这些状态表明了架构开发的进展和健康程度，我们为每个内核要素定义了多个状态，如图 4-5 所示。

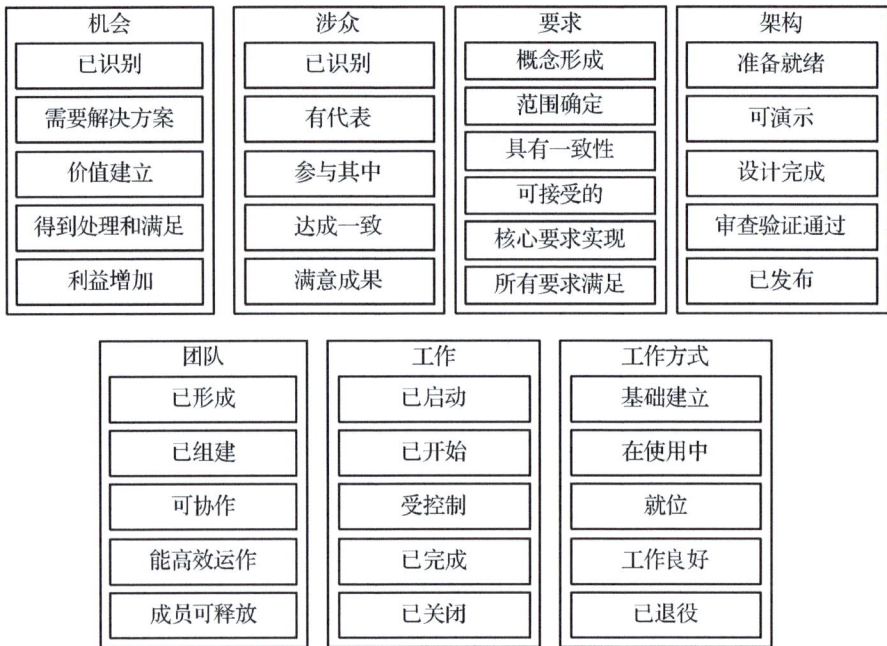

图 4-5 内核要素状态定义

在架构开发的不同阶段，内核要素所处状态不同。因此，可以通过内核要素状态判断当前架构开发所处阶段，从而更好地推进工作的开展。在初始、开展、细化以及交付四个阶段对应的机会、涉众、要求、架构、团队、工作以及工作方式等状态，如图 4-6 所示。

通过定义每个内核要素的状态，同时与架构设计的四个阶段进行对应，从而完成"架构设计阶段"与"内核要素状态判断"相结合的管理机制进行复杂项目综合管理。

在智能化体系架构设计中，里程碑节点一达到的内核要素状态如图 4-7 所示，里程碑节点二达到的内核要素状态如图 4-8 所示。

	初始阶段	开展阶段	细化阶段	交付阶段
机会	已识别	需要解决方案	价值建立	得到处理和满足	利益增加
涉众	已识别	有代表	参与其中	达成一致	满意成果
要求	概念形成	范围确定	具有一致性	可接受的 / 核心要求实现	所有要求满足
架构	准备就绪		可演示	设计完成	已发布
				审查验证通过	
团队	已形成	已组建	可协作	能高效运作	成员可释放
工作	已启动	已开始	受控制	已完成	已关闭
工作方式	基础建立	在使用中	就位	工作良好	已退役

图 4 – 6　架构工程核心状态在各阶段的分布

	初始阶段	开展阶段	细化阶段	交付阶段
机会	已识别	需要解决方案	价值建立	得到处理和满足	利益增加
涉众	已识别	有代表	参与其中	达成一致	满意成果
要求	概念形成	范围确定	具有一致性	可接受的 / 核心要求实现	所有要求满足
架构	准备就绪		可演示	设计完成	已发布
				审查验证通过	
团队	已形成	已组建	可协作	能高效运作	成员可释放
工作	已启动	已开始	受控制	已完成	已关闭
工作方式	基础建立	在使用中	就位	工作良好	已退役

图 4 – 7　里程碑节点一达到的内核要素状态

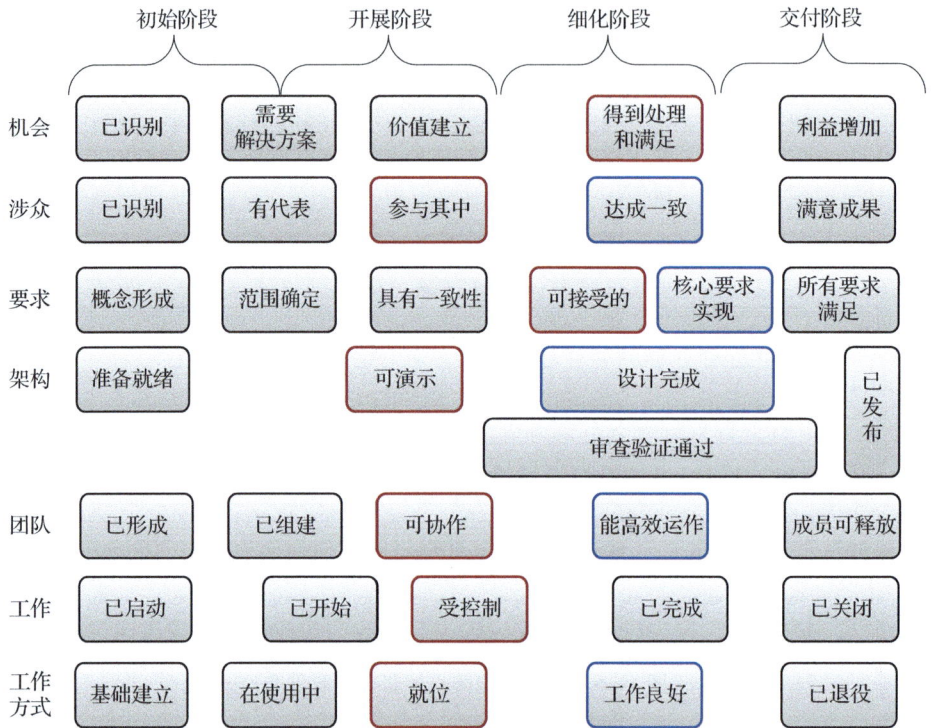

图4-8 里程碑节点二达到的内核要素状态

在智能化体系架构设计中，里程碑节点三达到的内核要素状态如表4-2所示。

表4-2 里程碑节点三达到的内核要素状态

内核要素	当前状态	下一个状态	需完成的任务
机会	得到处理和满足	得到处理和满足	不变
涉众	参与其中	达成一致	（1）内部交流； （2）开评审会
要求	可接受的	核心要求实现	（1）里程碑节点一内审； （2）里程碑节点一正式评审
架构	可演示（部分）	设计完成	（1）AD-T-C 能力设计； （2）AD-T-I 信息设计； （3）AD-T-IA 信息活动设计； （4）AD-T-CE 能力效果设计； （5）设计成果文档化； （6）所有模型经过检查

续表

内核要素	当前状态	下一个状态	需完成的任务
团队	可协作	能高效运作	（1）工作例会； （2）内部组织开发； （3）集中开发
工作	受控制	受控制	不变
工作方式	就位	工作良好	（1）工作进度监督会； （2）工作方式调整会

4.2.3　体系架构设计工程的迭代开发模式管理

与采用传统开发模型相比，架构设计利用迭代开发能够稳步取得设计成果。通过迭代开发，能够更好地适应需求的变更。而在每一轮明确架构设计的目标后，使得开发人员更能聚焦问题所在，加快整个架构设计工作的进度。在出现变更时，也能够降低在一个增量上的开支风险。迭代开发模型示意如图 4-9 所示。

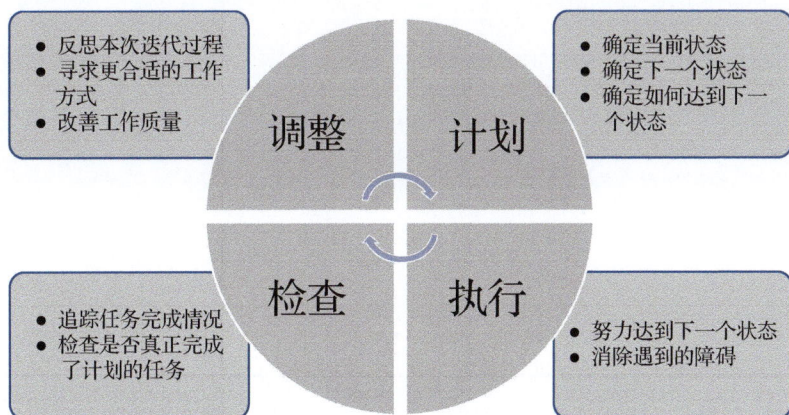

图 4-9　迭代开发模型示意

针对架构迭代开发模型的计划、执行、检查、调整四个方面进行对应过程的架构设计过程管理[35]。其中四个内容的详细阐述如下。

（1）计划。通过确定每个内核要素的当前状态，确定整个开发工作的当前进展状态。基于此，架构设计人员首先确定在下一次迭代中要进展到什么状态；

然后通过确定目标状态所需完成的任务来计划如何达到目标状态，这样就可以把团队详细的日常工作与设计活动的整体进展联系起来。如果一个工作所包括的多个任务在单次迭代中不能完成，那么可以通过多次迭代阶段来实现工作目标和达到目标状态。

（2）执行。每次迭代，团队都努力完成既定的任务，以使整个开发工作向着目标状态顺利推进。包括设计、细化以及审查等。

（3）检查。团队通过追踪任务完成情况，来确定他们正在完成计划（或者按照需要又重新计划）的任务，以及检查是否遵循了大家都认同的工作方式。

（4）调整。团队再次检查工作方式，识别工作中存在的阻碍，寻求更佳或者更适合的工作方式。这往往会导致他们改变工作计划和工作方式。

为了提高智能化体系架构设计的质量，需要支持对架构设计工具构建的架构设计模型进行验证。一方面，能够保证建模的正确性，及时识别模型中存在的完整性、一致性、合法性、连通性等问题并加以解决，可大大提高工作效率，减少因模型缺陷而导致的额外费用的增加[36]；另一方面，保证了设计出模型的实现能力，能够更好地支持将体系设计模型转换成程序语言及精确的符号的过程，能否很好地将系统用模型表达出来是系统开发成功的重要因素。

体系验证主要包括验证体系结构的模型完整性、模型一致性关联、模型合法性和模型连通性等[37]，如图 5 - 1 所示。

1. 架构模型完整性验证

架构模型完整性验证是指验证智能化体系架构模型中是否存在孤立的模型元素或缺乏对模型语义来讲必要的模型元素或关系，将基于智能化体系架构设计指南，定义智能化体系架构模型完整性的验证规则，包括信息活动流程完整性、输入/输出接口完整性、信息转换映射完整性、信息组成完整性、能力组成完整性、规则描述完整性、能力与活动映射完整性、能力效果描述完整性、活动功能完整性等方面，并基于定义的完整性验证规则，在智能化体系架构设计工具中实现完整性自动验证功能[38]。

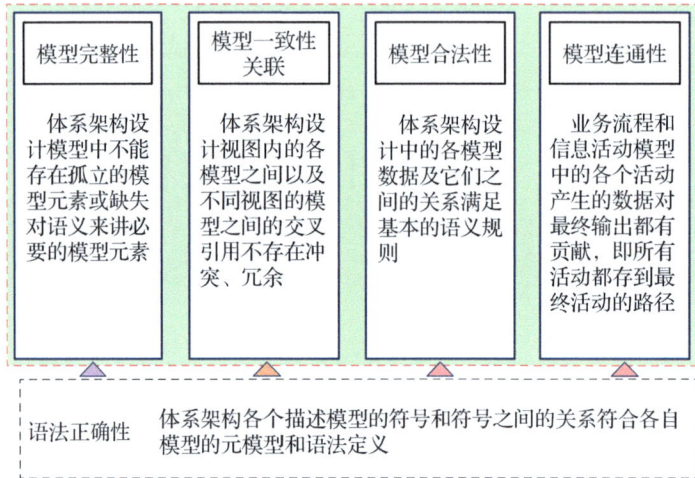

图 5 - 1　架构设计模型验证内容

2. 架构模型一致性关联验证

架构模型一致性关联验证是指验证智能化体系架构设计视角内的各模型之间、不同视角的模型之间的交叉与应用是否存在冲突或冗余。基于智能化体系架构设计指南和框架元模型，定义信息架构模型一致性关联验证规则，包括信息活动接口一致性、信息输入/输出一致性、信息关联一致性、能力活动映射一致性、能力依赖关系一致性、能力组成结构一致性、能力效果描述一致性等方面，并基于定义的一致性关联验证规则在智能化体系架构设计工具中实现一致性关联自动验证功能[39]。

3. 架构模型合法性验证

架构模型合法性验证是指验证智能化体系架构设计中的各模型数据及它们之间的关系满足相关的基本语义规则。基于智能化体系架构设计指南和框架元模型，定义信息架构模型合法性验证规则，包括活动组成合法性、信息输出合法性、信息分类合法性、能力分解合法性、活动功能定义合法性、能力衡量标准合法性等方面，并基于定义的合法性验证规则，在智能化体系架构设计工具中实现合法性自动验证功能。

4. 架构模型连通性验证

架构模型连通性验证是指验证智能化体系架构设计中的业务流程和信息活动模型中的各个活动产生的数据是否对最终输出都有贡献，即所有活动、信息都存到最终活动的路径。基于智能化体系架构设计指南和框架元模型，定义信息架构模型连通性验证规则，包括信息活动过程连通性、信息转换连通性等方面，并基于定义的连通性验证规则在信息架构设计工具中实现连通性自动验证功能。

基于关联性验证规则提取步骤得到关联性验证需要设计的所有模型，参考基于元模型的架构元素及其关系，梳理每个模型在建模过程中基于元模型的架构元素及其关系的建模约束，最后总结提炼，可以得到本项目的架构模型关联性验证规则[40]。

5.1　完整性验证

5.1.1　验证规则分析

在体系架构模型设计过程中，针对智能化体系架构模型进行完整性的约束分析，以及对完整性的验证内容进行梳理，总结得到进行完整性约束时需要对以下两种情况进行分析。

1. 数量约束：架构元素及其关系的实例数量必须大于或等于 1

根据元模型，分析设计的模型中存在数量关系的模型元素，若要求数量大于或等于 1，则表示该对模型元素需要受到完整性规则约束。

整理可得运行视角（OV）、信息活动视角（IAV）、能力视角（CV）、技术视角（TV）、智能视角（INV）的完整性规则约束对象，如表 5 – 1 ~ 表 5 – 5 所示。

表 5 – 1　OV 的完整性规则约束对象

模型元素	待约束模型元素	关系（数量）	完整性规则约束的模型
运行节点	运行节点	连接（大于或等于 1 个）	OV – 2
需求线	资源流	包含（大于或等于 1 个）	OV – 2
组织	关联任务	承载（大于或等于 1 个）	OV – 4
活动	活动	关联（大于或等于 1 个）	OV – 5a

模型元素	待约束模型元素	关系（数量）	完整性规则约束的模型
活动	活动	连接（大于或等于 1 个）	OV – 5a
活动	资源流	生成（大于或等于 1 个）	OV – 5a
运行规则	关联任务	被遵守（大于或等于 1 个）	OV – 6a
事件	运行规则	遵守（大于或等于 1 个）	OV – 6b

表 5 – 2   IAV 的完整性规则约束对象

模型元素	待约束模型元素	关系（数量）	完整性规则约束的模型
信息活动	输入接口	连接（大于或等于 1 个）	IAV – 1a
信息活动	输出接口	连接（大于或等于 1 个）	IAV – 1a
输入接口	信息活动	连接（大于或等于 1 个）	IAV – 1a
输出接口	信息活动	连接（大于或等于 1 个）	IAV – 1a
输出接口	信息流	连接（大于或等于 1 个）	IAV – 1a
信息流	信息	承载（大于或等于 1 个）	IAV – 1a
信息活动	功能	包含（大于或等于 1 个）	IAV – 5
功能	信息	生成（大于或等于 1 个）	IAV – 5
信息端	信息流	连接（大于或等于 1 个）	IAV – 1a

CV – 3 描述了能力是否存在依赖关系以及存在何种依赖关系（正相关、负相关、互相关），一个能力至少与一个能力之间存在依赖关系。

需要注意的是，在分析某一个模型中包含的架构元素关系之间的数量关系时，这个数量关系可能在元模型中不能直观得出，而是需要进行传递。例如在 CV – 5b 中，在分析活动与活动效果属性之间的数量要求时，活动产生大于或等于 1 个的活动效果，而活动效果细化出大于或等于 1 个的活动效果属性，即信息活动必须产生大于或等于1个活动效果属性，因此信息活动与活动效果属性之间也存在完整性约束。

表5-3　CV的完整性规则约束对象

对象	待约束模型元素	关系（数量）	完整性规则约束的模型
能力	能力	包含（大于或等于1个）	CV-2
能力	活动	被支撑（大于或等于1个）	CV-4a，CV-5a，CV-5b
活动	活动效果	产生（大于或等于1个）	CV-5a
活动效果	效果属性	细化（大于或等于1个）	CV-5a
能力	效果属性	要求（大于或等于1个）	CV-5b
活动	活动效果属性	产生（大于或等于1个）	CV-5b

表5-4　TV的完整性规则约束对象

对象	待约束模型元素	关系（数量）	完整性规则约束的模型
技术	技术接口	连接（大于或等于1个）	TV-1
技术接口	技术	连接（大于或等于1个）	TV-1
技术	技术	包含（大于或等于1个）	TV-1
技术水平	技术成熟度	推测（大于或等于1个）	TV-2
技术	能力	影响（大于或等于1个）	TV-3
能力	技术	描述（大于或等于1个）	TV-3
活动	能力	依赖（大于或等于1个）	TV-4
能力	技术	依赖（大于或等于1个）	TV-4

表 5 – 5　INV 的完整性规则约束对象

对象	待约束模型元素	关系（数量）	完整性规则约束的模型
智能规则	想定	描述（大于或等于 1 个）	INV – 1，INV – 2，INV – 3
智能规则	运行节点	约束（大于或等于 1 个）	INV – 1
智能规则	组织指挥机构	约束（大于或等于 1 个）	INV – 2
智能规则	活动	约束（大于或等于 1 个）	INV – 3

2. 数据模型约束：数据唯一性

对于所有模型元素，要求其属性中名称、标识不为空，因为这两个属性唯一确定一个模型元素，如表 5 – 6 所示。

表 5 – 6　智能化体系架构的完整性规则约束对象

架构元素	待约束架构元素	关系	完整性规则约束的模型
所有模型元素	属性：名称，标识	属性不为空	所有模型

5.1.2　验证规则定义和要求

智能化体系架构设计过程，在设计过程中对涉及的模型进行基于元模型的数量和数据模型约束，结合 5.1.1 节两种情况的分析，总结得到信息架构设计中完整性验证规则的详细定义和要求，如下所述。

（1）运行节点连接完整性：运行节点之间必须存在资源流连接关系，不能出现孤立的运行节点。

（2）使命任务完整性：使命任务具有多级父子任务，由相应的运行节点执行。

（3）任务过程完整性：活动由资源流触发，并且能够产生资源流，活动的输入/输出完整性。

（4）运行规则完整性：按照运行规则执行使命任务，运行规则关联至相应的使命任务。

（5）信息活动流程完整性：描述信息活动的相关模型能够完整地体现信息

活动流程及输入/输出，信息活动流程模型不缺乏必要要素。

（6）信息转换映射完整性：指信息转化映射模型的转换映射源端和转换映射目的端的信息不能缺失，且映射信息也不能缺失。

（7）信息组成完整性：信息关系模型和信息清单能够完整地表示信息组成关系及信息本身的完整性。

（8）能力组成完整性：能力分类模型能够完整地描述层次化的能力架构，不会存在能力信息及其组成关系的缺失。

（9）能力与活动关系完整性：能力与活动关系模型能完整地描述能力信息、活动信息以及能力与活动之间的关联关系，不会存在能力与活动缺乏关联的情况。

（10）能力效果描述完整性：能力效果模型能够完整地描述能力对应的活动，以及相应的效果属性信息。

（11）活动功能完整性：能够完整地描述活动功能的基本信息，如名称、标识和输出信息类等，以及逻辑过程等信息。

（12）技术组成完整性：技术参考模型和技术展望模型能够完整地表示技术组成关系及技术本身的完整性。

（13）能力技术映射完整性：能力技术关系模型能完整地描述能力与技术之间的关联关系，不会存在能力与技术缺乏关联的情况。

（14）活动技术映射完整性：技术发展路线图模型能完整地描述活动、能力与技术之间的关联关系，不会存在能力、活动、技术三者间缺乏关联的情况。

（15）智能规则影响范围完整性：模型能完整地描述智能规则与运行节点、组织指挥机构、活动之间的关联关系，不会存在缺乏关联的情况。

表 5-7 所示为模型完整性验证规则和要求。

表 5-7　模型完整性验证规则和要求

检查内容	涉及模型	验证规则和要求
运行节点连接完整性	OV-2	● 运行节点至少要连接一个其他运行节点； ● 节点间需求连接线至少包括一个资源流； ● 运行节点名称标识不能为空
使命任务完整性	OV-5a	● 使命任务至少具有其父节点或者子节点； ● 运行节点执行至少一个使命任务； ● 使命任务名称、标识、描述不能为空

检查内容	涉及模型	验证规则和要求
任务过程完整性	OV - 5b	• 活动流程必须有一个起始单元； • 活动流程不能存在独立的活动； • 活动名称标识不能为空
运行规则完整性	OV - 6a	• 运行规则必须关联至一个使命任务； • 运行规则的名称、标识、描述不能为空
信息活动流程 完整性	IAV - 1a	• 活动过程模型至少要包含一个信息端、一个信息活动、一个输入界面和一个输出界面； • 活动过程模型不能存在独立的信息活动，即每个信息活动至少要通过信息流与其他输入界面和输出界面相连接； • 活动过程模型不能存在独立的信息流，即每个信息流必须连接至少一个输入界面和一个输出界面； • 活动过程模型不能存在独立的输入界面，即每个输入界面必须通过信息流连接到信息端或者信息活动； • 活动过程模型不会存在独立的输出界面，即每个输出界面必须通过信息流连接到信息端或者信息活动； • 活动过程模型中的信息流必须存在信息标识； • 活动过程模型中的每个信息活动必须指定信息活动名称和信息活动的唯一标识
信息组成完整性	IAV - 4b	• 信息分类名称不能为空； • 每个信息必须有名称和标识，且是唯一的； • 每个信息属于一个最下层的信息分类
能力组成完整性	CV - 2	• 能力名称与标识不能为空； • 除顶层能力外，每个能力有一个上层能力
	CV - 5b	• 能力名称、标识、层级不能为空； • 每个非顶层能力都属于一个上层能力
能力效果描述 完整性	CV - 5a、CV - 5b	• 每个能力必须至少关联一个信息活动； • 每个能力对应的信息活动的效果属性、衡量标准的描述是不能缺少的

续表

检查内容	涉及模型	验证规则和要求
活动功能完整性	IAV－5	• 功能的名称和标识不能为空，且标识为唯一； • 功能产生的信息类信息不能为空； • 功能的逻辑操作过程和对应的信息活动信息不能为空
技术组成完整性	TV－2	• 每个技术必须有名称和标识，且是唯一的； • 每个技术分类必须有名称和标识，且是唯一的； • 一个技术必关联一个技术分类； • 技术包含的属性不能为空
能力技术映射完整性	TV－3	• 能力名称不能为空； • 每个能力必须关联一个技术； • 每个能力关联技术的名称和描述不能为空
活动技术映射完整性	TV－4	• 活动名称不能为空； • 一个活动必关联一个技术； • 每个活动关联技术的名称和描述不能为空
智能规则影响范围完整性	INV－1	• 每个智能规则必须有名称和标识，且是唯一的； • 每个运行节点必须有名称和标识，且是唯一的； • 一个智能规则必关联一个运行节点； • 运行节点包含的属性不能为空
	INV－2	• 每个智能规则必须有名称和标识，且是唯一的； • 每个组织机构必须有名称和标识，且是唯一的； • 一个智能规则必关联一个组织机构； • 组织机构包含的属性不能为空
	INV－3	• 每个智能规则必须有名称和标识，且是唯一的； • 每个活动必须有名称和标识，且是唯一的； • 一个智能规则必关联一个活动； • 活动包含的属性不能为空

5.2 一致性验证

5.2.1 验证规则分析

在体系架构模型设计过程中，针对智能化体系架构模型进行一致性的约束分析，针对一致性的验证内容进行梳理，总结得到进行一致性约束时需要对以下两种情况进行分析。

1. 不同类模型冲突：模型元素重复出现在不同类模型中

在这种情况下，首先对生成的所有架构元素关系，分析重复出现在不同模型的模型元素/模型元素关系，这些架构元素关系需要受到一致性约束的管控。详细的一致性规则约束对象生成如表 5-8 和表 5-9 所示。

表 5-8 IAV、CV 的一致性规则约束对象

待约束架构元素	一致性规则约束的模型
活动	IAV-1a, IAV-4b, CV-4b, CV-5a
信息	IAV-1a, IAV-2, IAV-4a, IAV-4b
能力	CV-2, CV-4b, CV-5b
信息活动效果	CV-4b, CV-5a
活动效果属性	CV-5a, CV-5b
能力和信息活动（被支撑）	CV-4b, CV-5b
信息活动和信息活动效果（产生）	CV-5a, CV-5b

表 5-9 SV、TV、INV 的一致性规则约束对象

待约束架构元素	一致性规则约束的模型
系统	SV-1, SV-4, SV-5
技术	TV-1, TV-2
智能规则	INV-1, INV-2, INV-3
与能力的映射关系	SV-5, TV-3
与活动的映射关系	SV-6, TV-4, INV-1

　　在这一步骤中，将确定一致性架构元素关系的主模型。这一步骤需要根据结合领域信息，确认对于每一种待一致性规则约束的模型元素/模型元素关系，在其重复出现的多个模型中，哪一个是主模型，其他则为关联模型。结合生成的架构元素关系与范围，对于其中的每一个架构元素关系，通过分析架构开发步骤，可以定位它第一次出现的模型，即主模型，进而确认出关联模型。

　　每一个特定的领域架构，都含有特定的领域知识，不同模型描述的重点不一样。对于不同类模型中相同的模型元素/模型元素关系，它在不同类模型中的重要程度不一样，若某一个模型元素在一个模型中的意义最为明确和重要，则这个模型称为主模型。之后它可能以相同或不同的形式存在于不同范围中，这些模型称为关联模型。因此，本章提出主模型/关联模型的概念，关联模型中的架构元素关系必须与主模型保持一致。

　　主模型/关联模型的概念一方面减少了一致性判定的复杂度；另一方面利于架构开发人员快速定位概念问题，只要确保该模型元素或关系在主模型中的定义符合预期设想，关联模型中的这个模型元素或关系可以依照主模型进行改动。同时，由于架构开发的灵活性，开发步骤可以在一定范围内变化，如交换两个模型的开发顺序，根据不同的开发步骤，可以更改其相应的主模型。

　　不同视角间应遵循的一致性规则，此时可替换为该架构元素关系具体的主模型。

　　以 CV 为例，其模型开发步骤如图 5 - 2 所示。

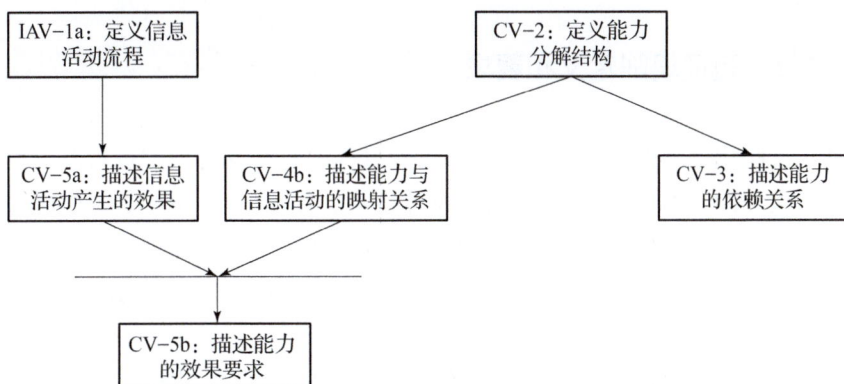

图 5 - 2　CV 模型开发步骤

　　结合 CV 模型开发步骤与生成的一致性规则约束对象，分析可得出 CV 一致性架构元素关系的主模型、关联模型，如表 5 - 10 所示。

表 5 - 10　CV 的待约束架构元素及其关系的主模型、关联模型

待约束架构元素	主模型	关联模型
能力	CV - 2	CV - 4a，CV - 4b，CV - 5b
活动效果	CV - 4b	CV - 5a
活动效果属性	CV - 5a	CV - 5b
能力和活动（被支撑）	CV - 4b	CV - 5b
信息活动和信息活动效果（产生）	CV - 5a	CV - 5b

2. 同类模型冲突：模型元素重复出现在同类模型中

在生成的架构元素关系中，存在模型和模型特殊关系的有 CV - 2 & CV - 2 （父子），如表 5 - 11 所示。

对于存在父子模型关系的 CV - 2 模型之间，其分解关系应满足子模型的顶层能力为父模型中被分解的能力。

表 5 - 11　同一类模型中的一致性规则

模型 & 模型	关联关系	待约束的架构元素关系
CV - 2&CV - 2	父子	能力和能力（包含）

5.2.2　验证规则定义和要求

基于智能化体系架构设计过程，在设计过程中对涉及的模型进行基于元模型的不同类模型冲突和同类模型冲突的设计约束，结合 5.2.1 节中两种情况的分析，总结得到信息架构设计中一致性验证规则。详细定义和要求如下所述。

（1）活动一致性：运行视角和能力视角中的不同模型对活动的描述应该无冲突和无冗余。

（2）活动输入/输出一致性：父级活动的输入/输出，与其子级活动流程的输入/输出保持一致。

（3）资源流一致性：运行节点之间的资源流，与活动之间的资源流应无冲突和无冗余。

（4）信息活动一致性：信息活动视角和能力视角中的不同模型对信息活动

的描述应该无冲突和无冗余。

（5）能力与活动映射一致性：能力与活动之间映射关系在不同模型中无冲突。

（6）能力效果描述一致性：能力及能力间关系以及能力的效果属性在不同模型中的描述无冲突。

（7）能力一致性：能力定义在信息架构能力视角的不同模型中不存在冲突、信息不一致等问题。

（8）系统一致性：系统功能定义在系统视角的不同模型中不存在冲突、信息不一致等问题。

（9）技术一致性：技术定义在技术视角的不同模型中不存在冲突、信息不一致等问题。

（10）智能规则一致性：智能规则定义在智能视角的不同模型中不存在冲突、信息不一致等问题。

表 5 – 12 所示为模型一致性关联的验证规则和要求。

表 5 – 12　模型一致性关联的验证规则和要求

检查内容	涉及模型	验证规则与要求
活动一致性	OV – 5a、CV – 4a	CV – 4a 中的活动与 OV – 5a 中的活动保持一致
	OV – 5a、OV – 5b	OV – 5a 中的活动与 OV – 5b 中的活动保持一致
活动输入/输出一致性	OV – 5b	父活动输入/输出与子 OV – 5b 模型的输入/输出相同
	OV – 5b	OV – 5b 中的资源流需在资源流交换关系中定义
	OV – 2、OV – 5b	OV – 5b 模型中的活动关联的运行节点需在 OV – 2 中定义
	OV – 6a、OV – 5b	OV – 5b 中的活动执行控制规则需在 OV – 6a 中定义
资源流一致性	OV – 2、OV – 5b	运行节点之间连接的资源流与活动之间的资源流保持一致

检查内容	涉及模型	验证规则与要求
信息活动 一致性	IAV－1a	IAV－1a 中的父信息活动的输入/输出与子模型的输入/输出不相同
	IAV－1a、IAV－3	IAV－1a 中每个活动均需要在 IAV－3 中进行定义，且信息一致
	CV－4b、IAV－3	CV－4b 中的活动均需要在 IAV－3 中进行定义，且信息一致
	IAV－6、IAV－1a	IAV－6 中的每个信息活动均需要在 IAV－1a 进行定义，且信息一致
	CV－5b、IAV－3	CV－5b 中的每个活动均需要在 IAV－3 中进行定义，且信息一致
信息输入/输出 一致性	IAV－1a、IAV－4a	IAV－1a 中的信息流上传输的数据必须与 IAV－4a 中定义的信息分类和信息保持一致
能力与活动 映射一致性	CV－4b、CV－5b	CV－5b 中能力与活动的关联关系描述与 CV－4b 中的描述保持一致
	TV－3、CV－5b	CV－5b 中能力与活动的关联关系描述与 TV－3 中的描述保持一致
	SV－5、CV－5b	CV－5b 中能力与活动的关联关系描述与 SV－5 中的描述保持一致

续表

检查内容	涉及模型	验证规则与要求
能力效果描述一致性	CV-5b、CV-5a	CV-5b 中的效果属性与 CV-5a 中的效果属性一致
能力一致性	CV-2、CV-4b	CV-4b 中的每个能力均需要在 CV-2 中进行定义
	CV-4b、CV-2	CV-4b 中的每个能力均需要在 CV-2 中进行定义
	CV-5b、CV-2	CV-5b 中的每个能力均需要在 CV-2 中进行定义
系统一致性	SV-1、SV-2	SV-2 中的每个系统均需要在 SV-1 中进行定义
	SV-4、SV-1	SV-4 中的每个系统均需要在 SV-1 中进行定义
	SV-4、SV-7	SV-7 中的每个系统功能均需要在 SV-4 中进行定义
	SV-4、SV-5	SV-5 中的每个系统功能均需要在 SV-4 中进行定义
	SV-4、SV-6	SV-6 中的每个系统功能均需要在 SV-4 中进行定义
技术一致性	TV-1、TV-2	TV-1 与 TV-2 中的技术均保持一致
智能规则一致性	INV-1、INV-2、INV-3	INV-1、INV-2、INV-3 中受约束的智能规则均保持一致

5.3 合法性验证

5.3.1 验证规则分析

在体系架构模型设计过程中，针对智能化体系架构模型进行合法性的约束分析，针对合法性的验证内容进行梳理，总结得到进行合法性约束时需要对以下两种情况进行分析。

1. 数量约束：架构元素及其关系的实例数量不能超过规定值

根据元模型，分析其中存在数量关系的模型元素，若要求数量大于 0 而小于或等于 1 个值，则表示该对模型元素需要受到合法性规则约束。

由元模型、模型元素和模型元素关系整理可得 CV、SV 的合法性规则约束对象，如表 5－13 所示。

表 5－13　CV、SV 的合法性规则约束对象

模型元素	待约束模型元素	关系（数量）	合法性规则约束的模型
能力	能力	分解（等于1）	CV－2
系统	系统	分解（等于1）	SV－1

2. 不可逆性约束：具有不可逆指向性的模型元素关系不能互相矛盾

在能力之间的依赖关系中，能力 A 对能力 B 的依赖关系与能力 B 对能力 A 的依赖关系没有必然关系，也就是能力的依赖关系是可逆的。例如，能力 A 对能力 B 正相关，代表能力 A 的提升会促进能力 B 的效果，而能力 B 对能力 A 无论是正相关还是负相关，都是有可能的。

在能力之间的分解关系中，能力 A 的子能力为 B，那么能力 B 的子能力不能有 A，即不能形成循环分解，因此能力和能力（分解）关系是不可逆的，如表 5－14 所示。

表 5 – 14　智能化体系架构不可逆指向性的模型元素关系

有指向性的模型元素关系	存在于模型	是否可逆
能力和能力（分解）	CV – 2	否
能力和能力（依赖）	CV – 3	是
系统和系统（分解）	SV – 1	否
系统和能力（支持）	SV – 5	是
系统和活动（支撑）	SV – 6	是

3. 数据模型约束：数据唯一性

由于模型元素的属性"名称"和"标识"确定了模型元素的唯一性，因此不能存在名称相同而标识不同或标识相同而名称不同的模型元素。

5.3.2　验证规则定义和要求

基于智能化体系架构设计过程，在设计过程中对涉及的模型进行基于数量约束、不可逆性约束以及数据模型约束，涉及合法性验证相关的模型以及验证规则详细定义和要求如下。

（1）信息分类合法性。信息分类不会出现循环、重复、下层分类又包含上层分类等问题。

（2）能力分解合法性。能力的分解和依赖关系不会出现循环、重复、下层能力指标依赖关系没传导到上层指标等问题。

（3）能力衡量标准合法性。能力指标衡量标准的不同增量之间的数据是合法无冲突的。

（4）能力与活动关联关系合法性。一个能力指标关联的活动，该能力指标的上层能力指标也必然关联到这些活动。

（5）数据合法性。信息活动、能力等数据在整个设计工程中不能出现名称相同而标识不相同或标识相同而名称不相同的情况，即保持模型元素的唯一性。

（6）系统关系合法性。系统的分解和依赖关系不会出现循环、重复、下层系统指标依赖关系没传导到上层指标等问题。

（7）系统与能力关联关系合法性。一个系统指标关联的能力，该系统指标的上层系统内指标也必然关联到这些能力。

（8）系统与活动关联关系合法性。一个系统指标关联的活动，该系统指标的上层系统指标也必然关联到这些活动。

表 5-15 所示为模型合法性的验证规则和要求。

表 5-15　模型合法性的验证规则和要求

检查类型	涉及模型	检查要求
信息分类合法性	IAV-4b	IAV-4b 中的信息分类不能出现下层分类属于上层分类的情况，且一个下层分类不能同时属于两个以上上层分类
能力分解合法性	CV-2	CV-2 中的下层一个能力不能同时属于两个不同上层能力，且下层能力指标不能包含上层能力指标
能力衡量标准合法性	CV-5b	CV-5b 中能力指标衡量标准的不同增量之间的数据是合法、无冲突的，如指标取值在不同阶段只能是递增或递减
能力与活动关联关系合法性	CV-4b	CV-4b 中一个能力指标关联的活动，该能力指标的上层能力指标也必然关联到这些活动
数据合法性	CV-2	CV-2 中的能力的名称和标识不能出现其中之一相同而另一个不相同的情况
数据合法性	IAV-1a、IAV-3	IAV-1a、IAV-3 中出现的信息活动不能出现活动的名称和标识其中之一相同而另一个不相同的情况
系统关系合法性	SV-1	SV-1 中下层的一个系统不能同时属于两个不同上层系统，且下层系统指标不能包含上层系统指标
系统与能力关联关系合法性	SV-5	一个系统指标关联的能力，该系统指标的上层系统内指标也必然关联到这些能力

检查类型	涉及模型	检查要求
系统与活动关联 关系合法性	SV－6	一个系统指标关联的活动，该系统指标的 上层系统内指标也必然关联到这些活动

5.4 连通性验证

5.4.1 验证规则分析

在体系架构模型设计过程中，针对智能化体系架构模型进行连通性的约束分析，对连通性的验证内容进行梳理，总结得到进行连通性约束时需要对以下两种情况进行分析。

1. 独立性约束：架构元素及其关系不会孤立存在

过程模型中每个信息活动产生的数据对最终输出都有贡献，不会存在孤立或者无源、无端的活动（断链的活动过程），也不存在无源端和目的端的信息流，如表 5－16 所示。

表 5－16 IAV、SV 的连通性规则独立性约束对象

待约束架构元素	连通性规则约束的模型
信息活动	IAV－1a
任务过程	OV－5b
系统交互	SV－2

2. 转换映射约束：模型中的数据项都有相应的转换映射

生成信息的每个数据项都由明确源信息的一个或多个数据项转换而来，如表 5－17 所示。

表 5－17 IAV、SV 的连通性规则转换映射约束对象

待约束架构元素	连通性规则约束的模型
信息和信息（转换）	IAV－1d

待约束架构元素	连通性规则约束的模型
系统和系统（交互）	SV-2、SV-4
系统和能力（支持）	SV-5
系统和活动（支持）	SV-6

5.4.2 验证规则定义和要求

基于智能化体系架构设计过程，在设计过程中对涉及的模型进行基于独立性约束、转换映射约束，涉及连通性验证相关的模型以及验证规则。详细定义和要求如下。

（1）活动过程连通性。活动过程中每个活动产生的数据对最终输出都有贡献，不会存在孤立或者无源的活动。

（2）信息活动过程连通性：活动过程模型中每个信息活动产生的数据对最终输出都有贡献，不会存在孤立或者无源、无端的信息活动（断链的信息活动过程），也不会存在无源端和目的端的信息流。

（3）系统交互连通性：模型中每个信息资源产生的数据对最终输出都有贡献，不会存在孤立或者无源、无端的信息资源，也不会存在无源端和目的端的信息资源流。

表 5-18 所示为模型连通性的验证规则和要求。

表 5-18 模型连通性的验证规则和要求

检查类型	涉及模型	验证规则和要求
任务过程连通性	OV-5b	OV-5b 存在开始图元和结束图元； OV-5b 存在多条由开始图元至结束图元的活动组合过程
信息活动过程连通性	IAV-1a	IAV-1a 中的每个信息活动均存在该活动过程模型中的一个最终输出或结束信息端的路径； IAV-1a 中的输入信息端均存在该活动过程模型中的一个最终输出或结束信息端的路径； IAV-1a 中的每个输入和输出界面均存在该活动过程模型中的一个最终输出或结束信息端的路径

检查类型	涉及模型	验证规则和要求
系统信息交互连通性	SV-2	SV-2 的输入信息端均存在该模型中的一个最终输出或结束信息端的路径； ● 系统接口规范中的每个输入界面和输出界面均存在该模型中的一个最终输出或结束信息端的路径

第6章

智能化体系架构设计工具

6.1 智能化体系架构设计工具的特点

智能化体系架构设计工具可以分为运行视角产品设计工具、系统视角产品设计工具、技术视角产品设计工具和全视角产品设计工具。该系统中主要包括全视角（AV）、运行视角（OV）、能力视角（CV）、信息活动视角（IAV）、系统视角（SV）、标准规范视角（StdV）的设计能力，特别是针对智能化体系的设计能够开展技术视角（TV）和智能视角（INV）等产品的设计。该智能化体系架构设计工具以可视化的方式，全面支持上述各种体系结构产品的设计与分析，其界面如图 6 - 1 所示。如图中"使用指引"所示，该工具的操作简单，条理清晰。

该工具的主要特点如下。

（1）可视化编辑界面。该工具采用了可视化的编辑环境，编辑环境采用基本图元作为设计基本元素，设计人员只需通过简单的鼠标拖曳操作，即可完成体系结构产品的开发，无须复杂的操作规程，便于参谋人员和运行维护人员的使用。

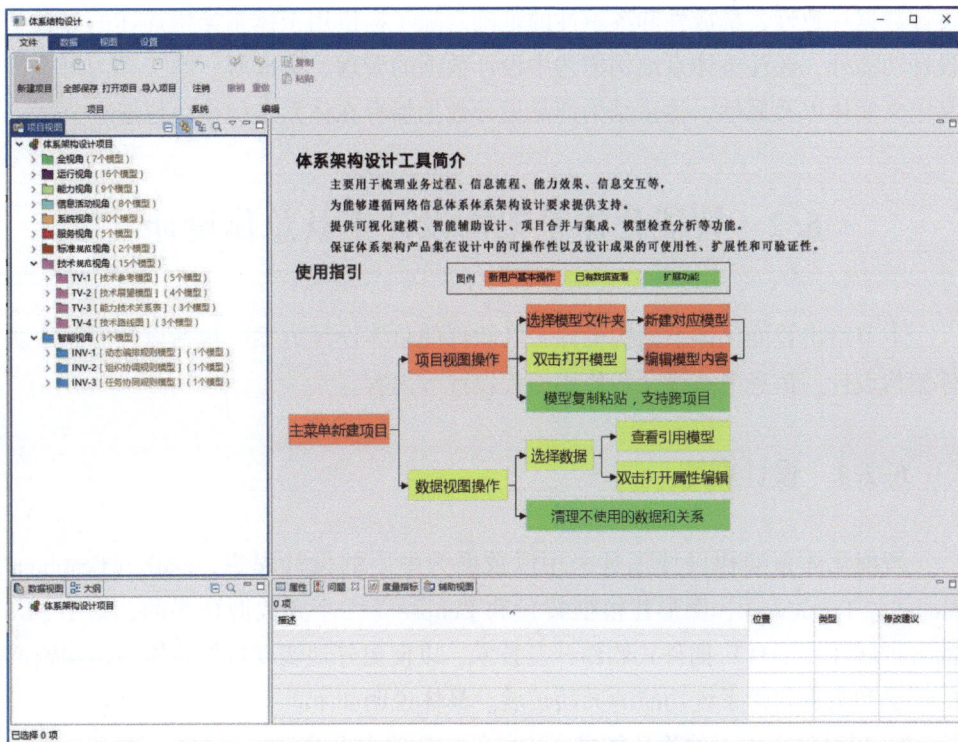

图 6-1　智能化体系架构设计工具界面

（2）使用统一的界面设计风格与操作规范。该工具中的每个产品设计工具均采用统一的界面设计风格（颜色、字体和线形等），使用相同的界面元素（工具条、状态条、浮动窗口和分割窗口等），对各个设计工具中相同或相似的功能，用户可以采用相同或相似的方式来进行操作，方便用户使用。

（3）自动文档生成。该工具提供了设计文档自动生成功能，在相应的体系结构产品设计开发完毕后，都可以通过该功能将相应产品的设计数据转化为 Word 文档，以供产品设计人员查阅或存档，便于在体系结构设计人员之间进行交流。

（4）实现资源的有效共享和较高的集成程度。该工具的各个产品虽然具有一定的独立性，各个产品之间的数据定义、实现手段和数据存取方法存在一定的差异，但是，各个产品之间还具有一定的依赖性，如运行信息交换矩阵依赖与运行节点连接关系中的相关信息。因此，可以通过建立统一的信息交换标准，依靠底层网络和数据库对各个体系结构产品进行集成，从而确保设计的正确性和完整性，实现设计成果有效的共享和功能的有机集成。

（5）体现以数据为中心的体系结构设计思想。以数据为中心的设计师保证设计数据一致性、集成性和继承性的基础。除了提供用于体系结构描述的编辑和设计功能外，还注重体系结构描述中设计数据的管理、集成等。本工具为每个产品定义实体以及属性，体系结构产品设计数据保存在体系结构核心数据库中。

6.2 智能化体系架构设计工具总体设计

本节给出智能化体系架构设计工具软件的总体设计方案，包括设计思路、总体架构设计、信息关系设计和使用流程设计等内容。

6.2.1 设计思路

智能化体系架构设计工具采用以数据为中心的设计思想、GMF（Graphical Modeling Framework，图形建模框架）和 Eclipse（一个开放源代码的、基于 Java 的可扩展开发平台）插件式软件开发技术，以便更好地实现数据化体系结构资产的形成和未来软件系统功能的灵活扩展。具体说明如下。

1. 以数据为中心的设计思想

本工具所采用的核心设计思想主要是基于元模型的理念，将体系结构设计成果形成为数据化的设计资产，而不是模型产品式的设计资产。由于体系结构设计采用多视角、多模型的设计方法，不用视角模型之间存在密切的关联关系，而这种关系主要体现在不同视角模型相同数据的一致性上，同时，数据化的体系结构设计资产也能更好地支撑体系结构模型的检查分析和仿真验证。

2. GMF

本工具所采用的核心技术，GMF 框架提供了以简单的方式构建图形化建模程序的能力，能够很好地支撑建模图符、模型存储的灵活定制，并提供强大的建模支撑功能，能够让开发人员快速地开发出满足特定应用需求的可视化设计工具。

3. Eclipse 插件式软件开发技术

本工具所采用的支撑技术的主要思想是基于 Eclipse 对外开放定义的 API（Application Programming Interface，应用程序编程接口），允许利用 API 开发相应的插件程序，实现对现有系统的功能进行灵活扩展。同时，提供了完善的插件管理机制，确保各种插件能够被正确加载和协同工作。利用插件机制能够有效提高系统的可扩展性，可轻易实现许多针对特定用户的定制化功能。例如，针对特定对象的体系结构设计功能，具有特殊展现方式的可视化展示插件等。

本工具采用的以数据为中心的设计思想，实现了模型与数据分离，在设计上保证了模型产品的一致性；采用了成熟的 GMF 和 Eclipse 插件式软件开发技术是目前成熟稳定的开发框架和技术。采用以上的设计思想和技术可以保证项目开发工作可以按照计划顺利推进，项目开发成果可以稳定、可靠地使用。

6.2.2　总体架构设计

智能化体系架构开发工具的总体架构如图 6 - 2 所示，该架构将软件系统划分为五个层次：应用部件层、功能插件层、建模支撑层、Eclipse 框架层和数据层。以下对每个层次进行具体说明。

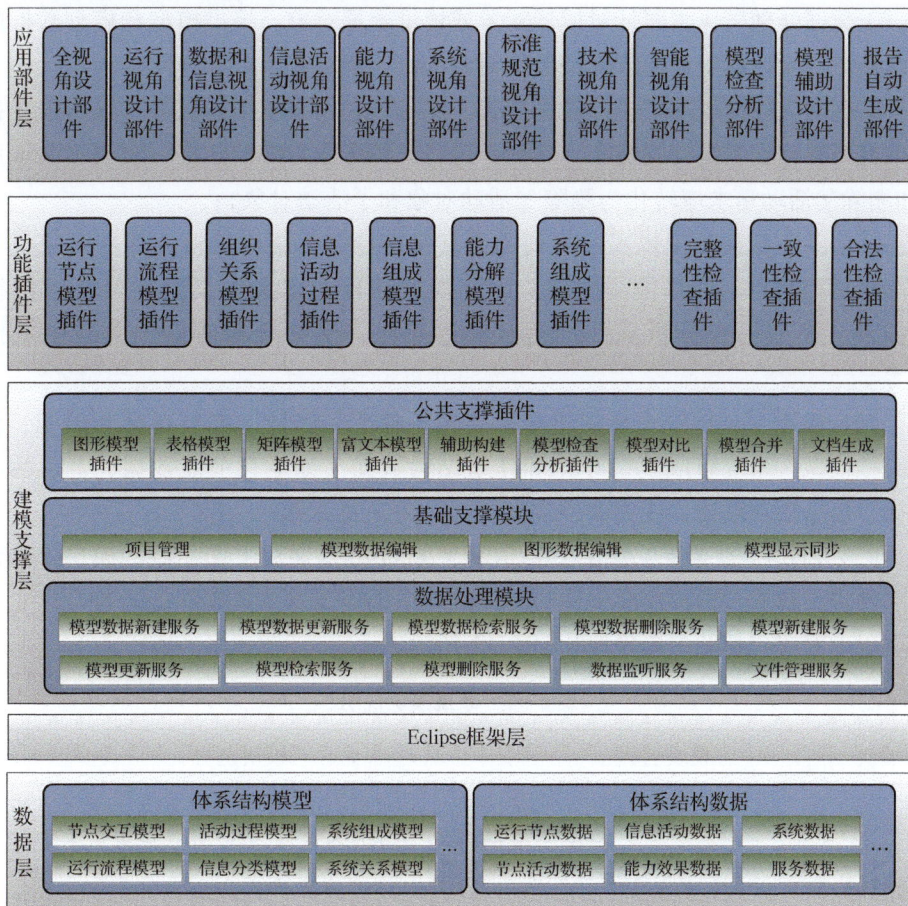

图 6 - 2　智能化体系架构开发工具的总体架构

（1）应用部件层：该层基于建模支撑层和功能插件层，针对用户的具体使用需求，对插件进行打包，形成可为用户独立部署使用的部件，包括全视角设计部件、运行视角设计部件、数据和信息视角设计部件、信息活动视角设计部件、能力视角设计部件、系统视角设计部件、标准视角设计部件、技术视角设计部件、智能视角设计部件、模型检查分析部件、模型辅助设计部件、报告自动生成部件。多个部件可以基于 Eclipse 框架进行集成部署。

（2）功能插件层：该层基于建模支撑层，特别是公共支撑插件，提供了面向具体应用功能的插件，如针对运行节点进行可视化设计的运行节点模型插件，针对模型完整性检查分析的插件，这些插件可直接面向用户进行使用。

（3）建模支撑层：该层为软件体系结构设计提供了最基础的支撑功能，分为数据处理模块、基础支撑模块和公共支撑插件三个部分。

①数据处理模块主要针对模型对象或模型数据对象，提供模型和模型数据的管理接口，支持模型对象或模型数据对象的增、删、改、查等操作；

②基础支撑模块提供模型数据编辑、项目管理等基本编辑服务，该层服务接收来自可视化交互提交的命令，将命令进行解析形成对模型数据一次或多次调用（如删除父活动请求应转化为删除父活动对象和子活动对象）；

③公共支撑插件提供了一系列用于直接支持体系结构建模的插件模块，包括图形模型插件、表格模型插件、矩阵模型插件、富文本模型插件、辅助构建插件、模型检查分析插件、模型对比插件、模型合并插件、文档生成插件等。

（4）数据层：该层主要提供体系结构各种产品模型（如节点交互模型、运行流程模型、系统组成模型等）和体系结构数据（如运行节点数据、节点活动数据、信息活动数据、能力效果数据等）的持久化存储。

（5）Eclipse 框架层：该层主要是基于 Eclipse 框架对上面几层的模块、插件和部件进行集成，形成主要为用户可用的体系架构开发工具软件。

以上五层包括的主要模块如表 6-1 所示。

表 6-1　系统模块说明

层次	模块名称	模块说明
应用部件层	全视角设计部件	基于体系背景模型、愿景架构模型和基本概念定义模型以及术语分类等功能插件进行打包封装，形成支撑全视角可视化建模设计应用部件

续表

层次	模块名称	模块说明
应用部件层	运行视角设计部件	基于运行节点模型、运行流程模型、任务分解模型、组织关系模型等功能插件进行打包封装，形成支撑运行视角可视化建模设计应用部件
	数据和信息视角设计部件	基于信息分类图模型、信息分类表模型，形成支撑数据和信息视角可视化建模设计应用部件
	信息活动视角设计部件	基于信息活动过程模型、信息关系模型、信息活动功能模型、信息组成模型等功能插件进行打包封装，形成支撑信息活动视角可视化建模设计应用部件
	能力视角设计部件	基于能力分类模型、能力依赖关系、能力效果模型等功能插件进行打包封装，形成支撑能力视角的可视化建模设计应用部件
	系统视角设计部件	基于系统组成模型、系统信息交互模型、信息活动对系统映射模型、服务组成模型等功能插件进行打包封装，形成支撑系统视角可视化建模设计应用部件
	标准规范视角设计部件	基于标准体系模型等功能插件进行打包封装，形成支撑标准规范视角可视化建模设计应用部件
	技术视角设计部件	基于技术规范模型等功能插件进行打包封装，形成支撑技术视角可视化建模设计应用部件
	智能视角设计部件	基于智能规则模型等功能插件进行打包封装，形成支撑智能视角可视化建模设计应用部件
	模型检查分析部件	基于完整性检查、一致性检查、合法性检查等功能插件进行打包封装和扩展开发，形成支撑所有架构模型检查分析的应用部件

层次	模块名称	模块说明
应用部件层	模型辅助设计部件	在辅助构建公共插件的基础上，进行扩展开发，形成面向具体应用的、支持体系结构辅助设计分析的部件
	报告自动生成部件	在文档生成公共插件的基础上，进行扩展开发，形成面向领域具体需求和特定格式的报告自动生成部件
功能插件层	运行节点模型插件	支持对运行节点、节点之间的关系等进行可视化建模
	运行流程模型插件	支持对组织机构的组成关系、指挥关系等进行可视化建模
	组织关系模型插件	支持对活动、活动执行过程、活动信息交互等进行可视化建模
	信息活动过程插件	支持对信息活动、活动之间的信息关系、活动的接口等进行可视化建模
	信息组成模型插件	支持对信息分类、信息、信息关系、信息属性等进行可视化建模
	能力分解模型插件	支持对能力分解关系、能力活动映射、能力效果等进行可视化建模
	系统组成模型插件	支持对信息系统组成、系统信息交互、系统功能组成、系统性能进行可视化建模
	完整性检查插件	支持对流程完整性、组成关系完整性、映射完整性等进行检查分析
	一致性检查插件	支持对信息活动接口一致性、信息交互一致性进行检查分析
	合法性检查插件	支持对能力分解关系合法性、系统组成关系合法性等进行自动化检查分析

层次		模块名称	模块说明
建模支撑层	公共支撑插件	图形模型插件	提供图形化模型的基础可视化设计编辑功能，如图形位置、大小拖曳、填充色设置等
		表格模型插件	提供表格类模型的基础可视化编辑功能，如单元格文字编辑、行排序等
		矩阵模型插件	提供矩阵类模型的基础可视化编辑功能，如映射关系设置、行列位置调整等
		富文本模型插件	提供富文本类模型的基础可视化编辑功能，如文字编辑、图片插入等
		辅助构建插件	提供模型辅助构建服务，包括模型数据在画布的位置计算、自适应的模型显示策略等
		模型检查分析插件	提供基于模型约束的模型语法和语义检查功能
		模型对比插件	提供模型对象内容差异比较功能
		模型合并插件	提供不同模型对象合并功能
		文档生成插件	提供 Word、Excel 等文档生成基础功能
	基础支撑模块	项目管理	提供工作空间工程管理功能
		模型数据编辑	提供模型数据的编辑功能
		图形数据编辑	提供图形样式的编辑功能
		模型显示同步	提供模型显示同步功能
	数据处理模块	模型数据新建服务	提供模型数据新增服务
		模型数据更新服务	提供模型数据更新服务
		模型数据检索服务	提供模型数据检索服务
		模型数据删除服务	提供模型数据删除服务
		模型新建服务	提供模型新建服务
		模型更新服务	提供模型更新服务
		模型检索服务	提供模型检索服务
		模型删除服务	提供模型删除服务
		数据监听服务	提供数据库或文件系统数据变化监听服务
		文件管理服务	提供文件系统管理服务，包括文件内容的读取、更改等

层次	模块名称	模块说明
框架层	Eclipse 框架层	提供将插件和部件进行集成使用的功能
数据层	体系结构模型	支持对体系结构模型内容进行持久化存储
	体系结构数据	支持对体系结构数据内容进行持久化存储

6.2.3　信息关系设计

智能化体系架构设计工具的内外部信息交互关系如图 6 – 3 所示，根据体系

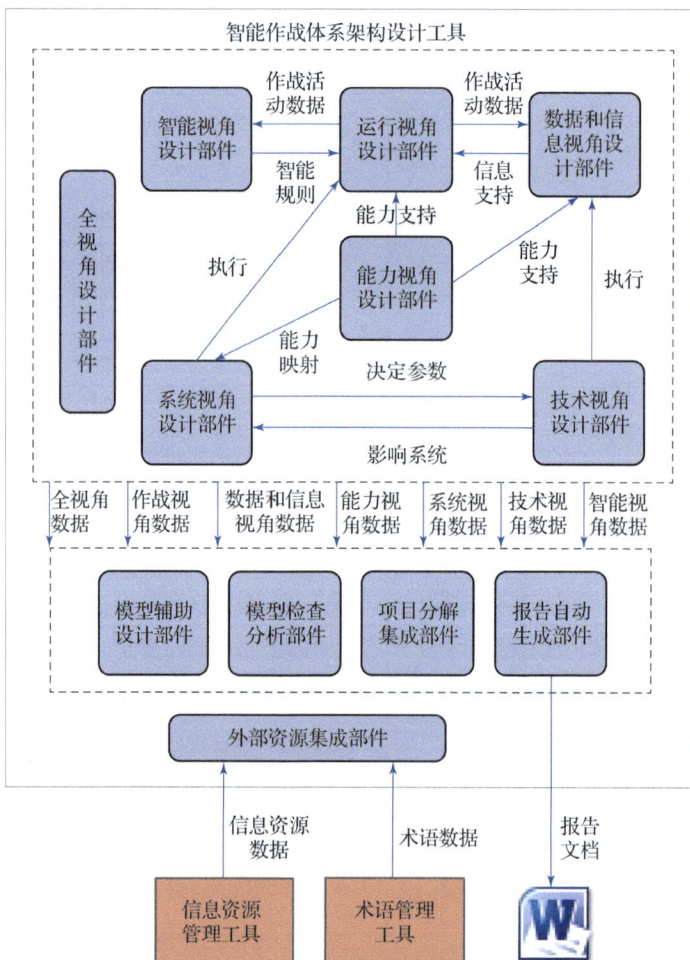

图 6 – 3　智能化体系架构设计工具的内外部信息交互关系

设计的工作管理过程，体系设计工具可以与术语管理工具、信息资源管理工具等进行接口打通，可以提高体系设计数据的管理效率和质量。其中，外部信息交互关系包括两类：一类是从术语管理工具获取的术语数据，在架构设计时进行使用；另一类是体系架构开发工具软件的报告自动生成部件生成的报告文档数据，通过外部文档工具进行打开浏览。此外，工具还可以根据需要进一步与需求管理、项目管理等工具进行打通，开展统一接口设计。

6.2.4　使用流程设计

智能化体系架构设计工具的总体流程设计如图 6-4 所示，流程中给出了进行体系结果设计过程中的主要过程以及与术语管理工具的交互流程关系。总体流程分为三个阶段，具体说明如下。

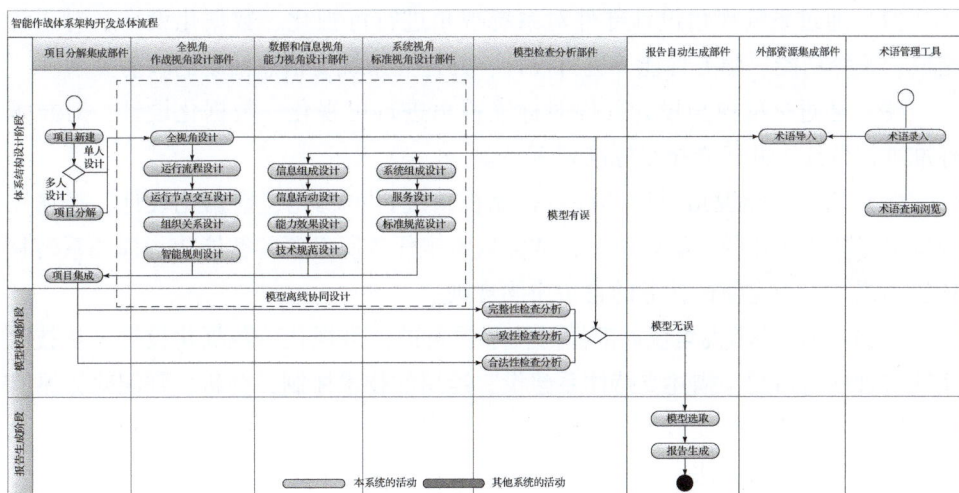

图 6-4　智能化体系架构设计工具的总体流程设计

1. 体系结构设计阶段

该阶段主要完成体系结构的数据化设计，主要流程过程如下。

（1）通过项目分解集成部件设计体系结构项目。对于单人设计的情况，设计人员直接开始运行视角、数据和信息视角、信息活动视角、能力视角、系统视角和技术视角的设计；对于多人协同设计的情况下，要进行项目分解和任务分工，分别依据任务分工开展运行视角、数据和信息视角、信息活动视角、能力视角、系统视角和技术视角的设计。

（2）通过全视角设计部件对全视角进行设计。其中将通过外部资源集成部件导入术语数据。

（3）通过运行视角设计部件进行运行视角的可视化、数据化设计，对运行流程、运行节点交互、组织关系等逐步进行设计。

（4）通过数据与信息视角设计部件进行数据与信息视角的可视化、数据化设计，基于运行视角设计成果，梳理信息组成结构，并建立数据和信息与信息活动的映射关系。

（5）通过信息活动视角设计部件进行信息活动视角的可视化、数据化设计，基于运行视角设计成果，设计信息活动过程、定义能力效果要求，并建立业务活动与信息活动的映射关系。

（6）通过能力视角设计部件进行能力视角的可视化、数据化设计，基于运行视角和数据与信息视角设计的成果，梳理能力分解、能力效果、能力依赖关系，建立能力和能力效果模型。

（7）通过系统视角设计部件对系统视角进行可视化、数据化设计，对系统组成、系统功能、服务性能等进行设计，并建立系统与信息活动的映射关系。

（8）通过标准视角设计部件对标准视角进行可视化、数据化设计，对技术标准进行设计，并建立技术标准列表模型。

（9）通过智能视角设计部件对智能视角进行可视化、数据化设计，描述完成特定任务所必要的资源转移，描述完成特定任务所必要的智能化指挥关系转移依赖和规则，指定使命任务的自主协同规则。

（10）通过技术视角设计部件对技术视角进行可视化、数据化设计，从技术实现与管理的角度，描述支持体系建设、运用的技术体制，分析、预测对体系有较大影响关键技术的发展趋势，确定关键技术的演化策略，规范体系建设与演化的技术实现手段与方法。

（11）在多人协同设计的情况下，最后通过项目分解集成部件将多人的体系结构设计成果进行项目集成。

2. 模型校验阶段

该阶段主要完成在体系结构设计完成后，开展对模型的检查分析，发现模型中的设计缺陷，并辅助设计人员对缺陷进行修复。该阶段通过对体系结构模型的完整性、一致性和合法性进行检查分析。若发现模型有缺陷，则提示设计人员重新回到体系结构设计阶段进行重新设计；若没有缺陷，则进入下一阶段。

3. 报告生成阶段

该阶段主要在体系结构设计模型无误后，在需要进行评审或汇报时，将体系结构模型生成特定需要的报告文档。

6.3　智能化体系架构设计工具功能设计

6.3.1　全视角建模

1. 模型定义

全视角（AV）主要用于支撑软件的概要设计说明、节点关系及术语管理，包含的主要模型、模型标识及其采用的表示方式如表 6–2 所示。

表 6–2　全视角模型

模型名称	模型标识	模型描述	表示方式
目的背景	AV–1	描述架构设计的背景、范围、设计目标等	富文本
架构愿景	AV–2	描述架构设计预期达到的目标状态	富文本
概念定义	AV–3	定义架构设计涉及的、需要统一认识或特别说明的概念	表格
术语分类	AV–4	描述架构体系设计过程中引用的专用名词或概念	表格

2. 模型数据设计

全视角包含的主要模型数据元素如下。

（1）背景：描述信息架构的背景条件，包括使命、目的、目标、条件、场景等属性。

（2）架构愿景：体系架构在未来一段时间内的预期状态或目标状态。主要包括名称、标识、描述、主要目标等属性。

（3）主题：可以理解为体系设计依据设计内容（如功能域）划分的部分。主要包括名称、标识、描述等属性。

（4）术语：对体系结构设计过程中应用到的公共名词的阐述。一致的术语方便不同体系结构设计人员的交流。术语主要包括名称、英文名词、标识、定义、来源等属性。

3. 模型可视化表示

（1）针对目的背景，主要采用富文本的方式进行可视化表示，系统提供图 6 - 5 的背景描述模型编辑插件，用于宏观上描述体系架构，如节点、节点之间关系预期达到的目标状态。目的背景编辑插件主要由工具栏区、内容编辑区和设计概述选择页（可以通过选择页分别对目的范围、背景、架构愿景、设计主题分别进行描述）三个部分组成。

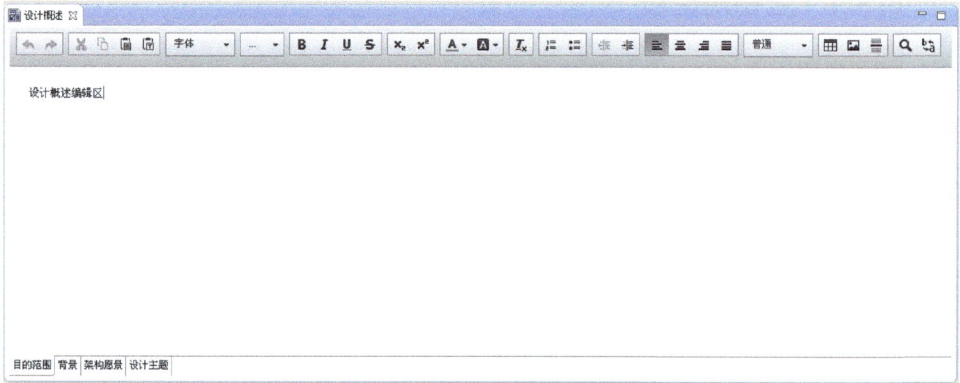

图 6 - 5　背景描述模型编辑插件

（2）针对架构愿景，描述模型编辑插件，主要采用富文本的方式进行可视化表示，用于宏观上描述体系架构，如节点、节点之间关系预期达到的目标状态。同背景描述，架构愿景编辑插件主要由工具栏区、内容编辑区和设计概述选择页三部分组成。

（3）针对术语分类模型以及概念定义模型，采用图 6 - 6 的表格的方式来进行术语分类以及术语概念的描述和管理。

图 6 - 6　术语分类模型可视化描述方式

6.3.2　运行视角建模

1. 模型定义

运行视角描述活动执行的过程与约束条件，以及活动完成的组织编组以及协作关系，主要用于支撑指挥节点建模、指挥组织关系建模、指挥活动流程建模。包含的主要模型、模型标识及其采用的表示方式如表 6 - 3 所示。

表 6 - 3　运行视角模型

模型名称	模型标识	模型描述	表示方式
高级运行概念	OV - 1	描述使命任务和业务及其分类的高层概念	富文本
运行节点连接关系	OV - 2	描述运行节点之间信息交换的连接关系	图形
组织关系模型	OV - 4	针对不同的活动执行流程和约束要求，描述活动执行机构的组成与关系、职责和职权	图形
任务分解模型	OV - 5a	描述活动的层次划分和分解关系	图形
任务过程模型	OV - 5b	针对具体活动，描述活动执行的通用流程或在特定场景下的执行流程，以及流程执行中的约束条件	图形
运行规则模型	OV - 6a	确定活动应遵守的业务规则	表格

2. 模型数据设计

运行视角包含的主要模型数据元素如下。

（1）任务：任务是有组织、有意图、有目标要求的一系列行为活动所实现行为的统称。一项任务可以包含多项活动。

（2）活动：由单一对象执行的，改变自身或相关实体状态的行为。

（3）资源流：活动或运行节点之间进行各类资源交互的流程。

（4）资源：活动或运行节点之间通过资源流传递的物资、人员、信息等。

（5）运行节点：参与活动的各级组织或实体单元。

（6）组织：构成组织管理体系的基本单位。组织具备一定的职能，指挥/组织管理控制一定的资源（兵力、武器装备等）来完成特定的任务。

（7）运行规则：定义活动执行过程中应该遵循的各种规则。

3. 模型可视化表示

（1）针对高级运行概念，主要采用富文本的方式进行可视化表示，系统提供同背景描述的功能插件，用于对体系设计的高层次运行概念的图形/文本等进行描述。高级运行概念编辑插件主要由工具栏区和内容编辑区两部分组成。

（2）针对运行节点模型，主要采用图形的方式进行可视化表示，系统提供如图 6 – 7 所示的运行节点模型编辑插件，用于描述活动执行机构的组成与关系、职责和职权。运行节点模型设计工具箱包含运行节点元素、资源流元素和外部节点元素。

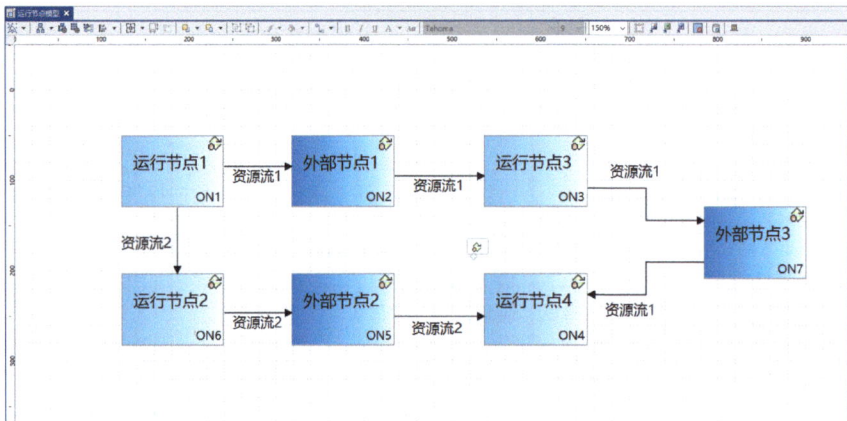

图 6 – 7　运行节点模型可视化描述方式

（3）针对组织关系模型，主要采用图形的方式进行可视化表示，系统提供如图 6 – 8 所示的组织关系模型编辑插件，用于描述活动中设施或运行维护区域之间交换的资源流（包括信息、资金、人员、物资等）。组织关系模型设计工具箱包含组织机构元素、人员元素、指挥关系元素和组成关系元素。

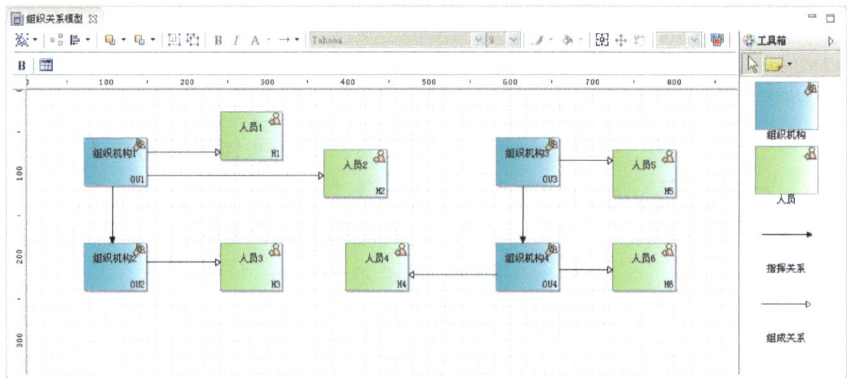

图 6 – 8　组织关系模型可视化描述方式

（4）针对任务分解模型，主要采用图形的方式进行可视化表示，系统提供如图 6－9 所示的任务分解模型编辑插件，用于描述活动的层次划分和分解关系。活动分解模型设计工具箱包含活动元素和分解关系元素。

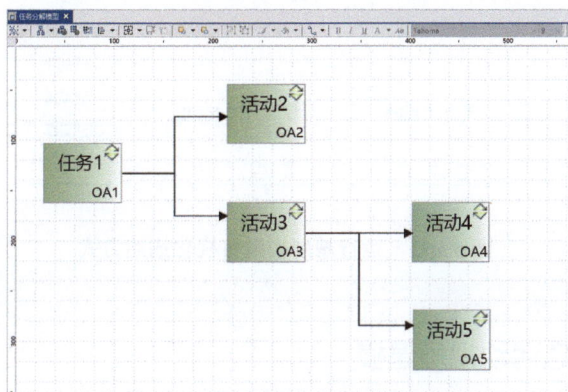

图 6－9　任务分解模型编辑插件

（5）针对任务过程模型，主要采用图形的方式进行可视化表示，系统提供如图 6－10 所示的活动流程模型编辑插件，用于描述活动执行的通用流程或特定场景下的执行流程，以及流程执行中的约束条件。活动流程模型设计工具箱包含运行泳道元素、活动元素、输入活动元素、输出活动元素、开始元素、结束元素、中断元素、决策元素、与元素、并行元素和控制流元素。

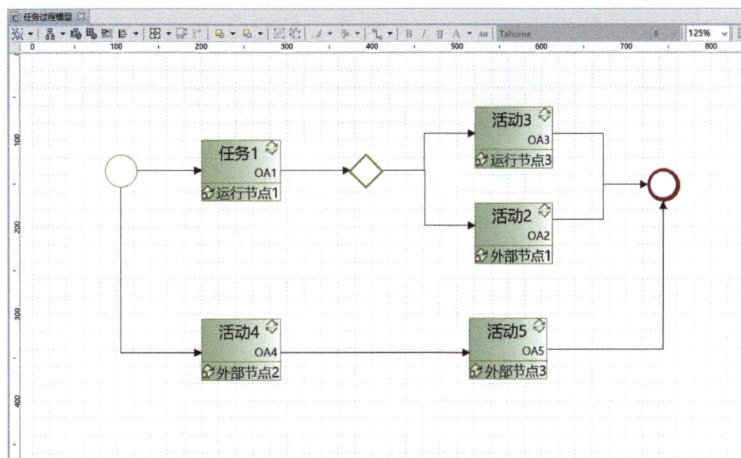

图 6－10　活动流程模型编辑插件

（6）针对运行规则模型，采用如图 6－11 所示的方式来确定活动应遵守的业务规则。活动规则列表包含规则名称、规则描述、作用范围和约束的活动。

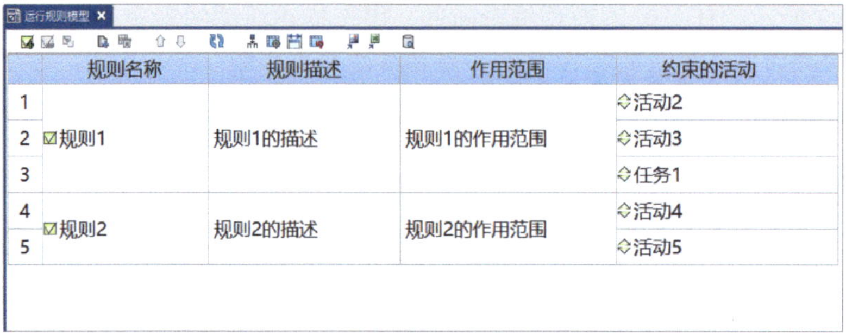

图 6–11 运行规则模型可视化描述方式

6.3.3 信息活动视角建模

1. 模型定义

信息活动视角以信息流为核心，描述信息活动的组成、信息活动的输入/输出界面、信息转换的功能和信息体系，以及信息活动协作关系。以信息活动过程以及体系结构描述中与信息交换相关的信息及其属性、特征和相互关系作为主体勾画出体系的运作结构。该视角主要支持指挥信息活动过程建模，如支持对信息活动、活动之间的信息关系、活动的接口进行可视化建模；以及支持指挥信息分类建模（支持对信息分类、信息、信息关系、信息属性进行可视化建模）。包含的主要模型、模型标识及其采用的表示方式如表 6–4 所示。

表 6–4 信息活动视角模型

模型名称	模型标识	模型描述	表示方式
信息活动过程模型	IAV–1a	用于对信息的加工处理过程进行描述，包括信息活动、信息流、信息界面等内容	图形
信息活动清单	IAV–3	描述信息活动的分类关系	图形
信息清单	IAV–4b	描述信息架构中的信息分类、分类包含的信息、信息关系及信息包含的具体数据项等内容，是信息活动过程模型中输入信息和输出信息的分类汇总	图形/表格

续表

模型名称	模型标识	模型描述	表示方式
信息活动功能模型	IAV－5	描述实现信息转换的活动功能，活动功能可理解为将信息活动的输入信息生成输出信息的变换函数	表格
任务活动与信息活动映射	IAV－6	描述信息视角中定义的信息活动与运行视角中定义的运行活动的映射关系	矩阵

2. 模型数据设计

信息活动视角包含的主要模型元素如下。

（1）信息活动。其是指有机体利用信息获取利益的行为，其表现为信息源、信息受体和信息本体之间的相互作用，包括探测、识别、传输、表示、存储、控制、构造、传播、思维、决策等。

（2）活动过程。其是指为特定结果而采取的一系列有序活动，包括活动的动作、活动的模式、活动的流程和活动的交互方式。

（3）界面属性。其是指界面的特征、特性或要求，包括方式、容量、距离、安全等。

（4）信息。其是对事物意义的表述，存在信号、符号、知识和定式四种形态。

（5）信息类别。其是指对信息的分类。

（6）信息流。其是指一个或多个信息或信息类别在活动之间的流向。

（7）信息端。其是指输入信息的源端或者输出信息的目的端。

（8）功能。其指产品按照设计或设想的方式所起到的作用，是产品的天然属性，是产品价值的重要组成部分。

（9）运作流程。其是指行为活动的逻辑操作步骤（完成特定功能所有操作的总和，不是具体的功能设备或工具的技术实现方案）。

（10）属性。其是指信息的特征、特性或要求。

（11）继承关系。其是指一个或多个信息继承另一个或多个信息的内容，并可以增加自己的新内容的关系。

（12）组合关系。其表示信息之间整体和部分的关系，比聚合关系更强，组合关系中部分和整体具有统一的生存期。

（13）聚合关系。其体现信息之间整体与部分、拥有的关系。聚合关系中部分和整体是可分离的。

3. 模型可视化表示

（1）针对信息活动过程模型，主要采用图形的方式进行可视化表示，系统提供如图 6-12 所示的信息活动过程模型编辑插件，用于对信息的加工处理过程进行描述，包括信息活动、信息流、信息界面等内容。信息活动过程模型设计工具箱包含活动元素、信息端元素、输入接口元素、输出接口元素、信息流元素和连接元素。

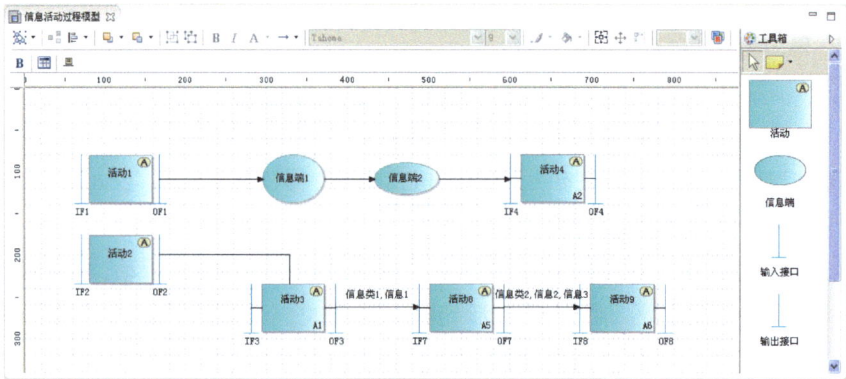

图 6-12　信息活动过程模型编辑插件

（2）针对任务活动与信息活动映射关系模型，采用如图 6-13 所示的矩阵的方式描述需求架构中活动与信息架构中的信息活动之间的关联映射关系。

图 6-13　任务活动与信息活动映射关系模型可视化描述方式

（3）针对信息活动功能模型，采用如图 6-14 所示的方式描述实现信息转换的活动功能。信息活动功能列表包含活动名称、功能名称、功能标识、功能说明、功能的逻辑操作过程、输出信息类/信息和输入信息类/信息。

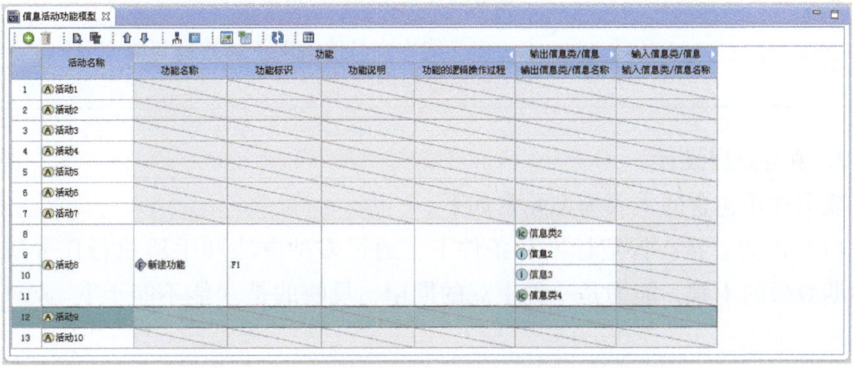

图 6-14　信息活动功能模型可视化描述方式

6.3.4　能力视角建模

1. 模型定义

能力视角描述体系的信息能力需求，包括能力构想、能力分类、能力与任务关系、能力与活动关系、效果属性、能力效果等模型。能力视角的作用是把体系的总体目标愿景设计为可量化的效果要求。能力视角主要用于支持指挥能力分解结构建模（支持对能力分解关系、能力活动映射、能力效果进行可视化建模）。包含的主要模型、模型标识及其采用的表示方式如表 6-5 所示。

表 6-5　能力视角模型

模型名称	模型标识	模型描述	表示方式
能力构想模型	CV-1	用于获取和组织能力构想所需的具体信息能力	图形
能力分类模型	CV-2	描述能力的分类与组成	表格
能力与任务 关系模型	CV-4a	描述能力与任务的映射关系	矩阵
能力与活动 关系模型	CV-4b	描述信息能力与信息活动的关联关系，确定体系的能力需求，快速确定信息活动与能力需求间的差距	矩阵

模型名称	模型标识	模型描述	表示方式
效果属性模型	CV – 5a	描述和定义能力效果分类法，形成规范的效果及其属性定义	表格
能力效果模型	CV – 5b	定义能力在具体活动下的效果和能力的演进趋势	表格

2. 模型数据设计

能力视角包含的主要模型元素如下。

（1）能力：指在特定标准和条件下，通过多种方法和手段执行任务所能达成预期效果的本领，能力是一种主观的期望，反映的是"能不能干"，或"能不能干好"的条件。

（2）能力关系：指能力之间的相互关系，具体包括四种关系包含、正相关、负相关和互相关。

（3）活动效果：指活动产生的状态或影响。

（4）效果属性：指效果在不同活动或不同条件下的具体状态和影响。

（5）度量方法：指度量效果的一种或多种方法。

（6）阶段：指能力增量发展的阶段时间。

（7）衡量标准：指衡量效果的指标标准。

（8）实现方法：指实现能力效果应采取的一种或多种可能的方法。

3. 模型可视化表示

（1）针对能力构想模型，主要采用图形的方式进行可视化表示，系统提供如图 6 – 15 所示的能力分解模型编辑插件，用于获取和组织能力构想所需的具体信息能力。能力分解模型设计工具箱包含能力元素和分解关系元素。

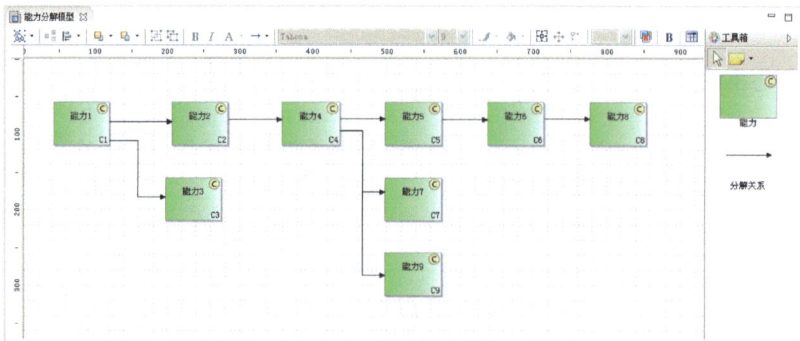

图 6 – 15　能力分解模型编辑插件

（2）针对能力与活动关系模型，采用如图 6-16 所示的矩阵的方式描述信息能力与信息活动的关联关系，确定体系的能力需求，快速确定信息活动与能力需求间的差距。

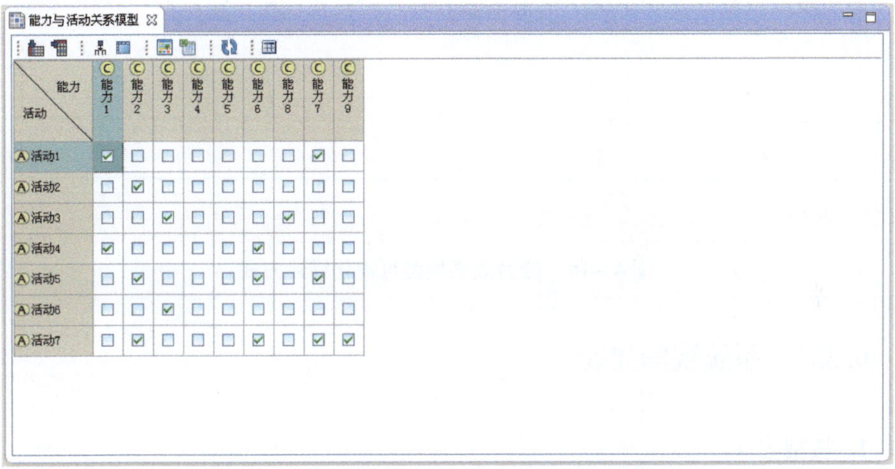

图 6-16　能力与活动关系模型可视化描述方式

（3）针对效果属性模型，采用如图 6-17 所示的方式描述和定义能力效果分类法，形成规范的效果及其属性定义。活动效果列表包含活动效果名称、活动效果属性和可能的度量方法。

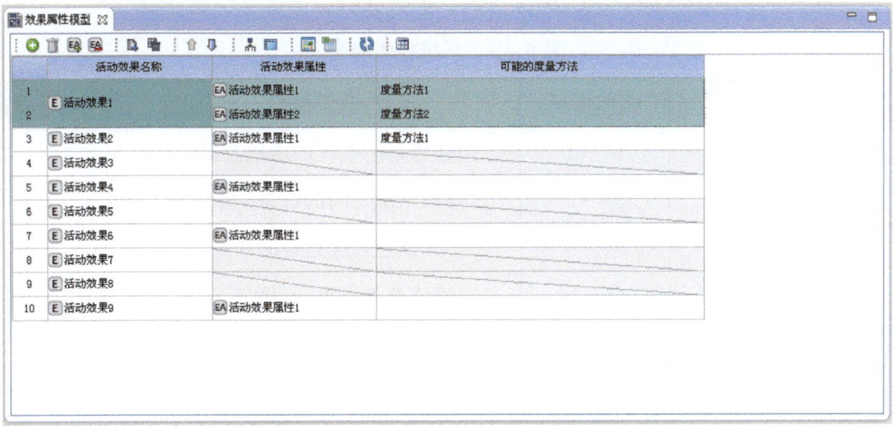

图 6-17　效果属性模型可视化描述方式

（4）针对能力效果模型，采用如图 6-18 所示的方式定义能力在具体信息活动下的效果。能力效果列表包含能力、活动和阶段。

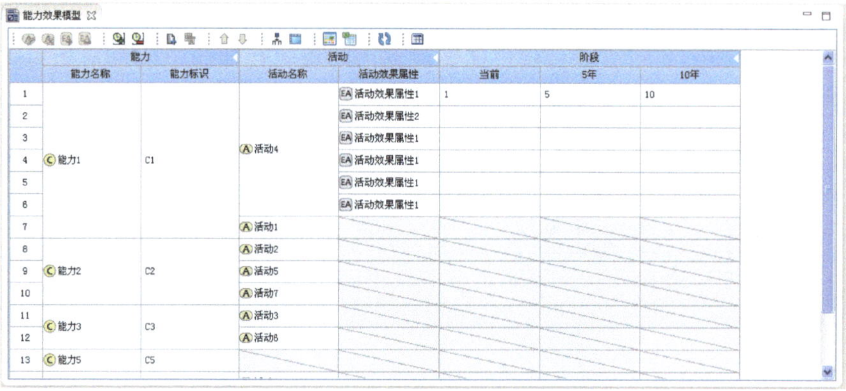

图 6-18　能力效果模型可视化描述方式

6.3.5　系统视角建模

1. 模型定义

系统视角描述支持体系完成所承担活动系统的组成、结构以及系统具备的功能和演化过程。这里的系统是广义的逻辑概念，可以包括信息系统、信息基础设施等各类有形的资源。系统视角支持指挥信息系统组成结构建模（支持对信息系统组成、系统信息交互、系统功能组成、系统性能描述进行可视化建模）。包含的主要模型、模型标识及其采用的表示方式如表 6-6 所示。

表 6-6　系统视角模型

模型名称	模型标识	模型描述	表示方式
系统组成模型	SV-1	描述体系中系统的组成及其结构	图形
系统信息交互模型	SV-2	描述系统之间的信息交换关系	图形
系统功能描述模型	SV-4	描述系统具备的功能	图形
系统与活动映射关系	SV-6	描述系统负责完成哪些活动	矩阵
系统与能力映射关系	SV-5	描述系统和能力之间的映射关系	矩阵
系统性能描述模型	SV-7	描述系统具备的战技指标	表格

2. 模型数据设计

系统视角包含的主要模型元素如下。

（1）系统：是为实现某个功能或功能集而组织起来的组件集合，系统可包含子系统或系统组件。

（2）功能：是系统通过数据交互（数据输入/输出）所支持或实现的自动化活动信息交换。

（3）信息：是指系统节点之间交互的各类数据。

（4）规则：制约系统实现的约束条件以及系统的运行规则。

（5）度量：是对系统运行好坏的测量指标及要求。

3. 模型可视化表示

（1）针对系统组成模型，主要采用图形的方式进行可视化表示，系统提供如图 6 - 19 所示的系统组成模型编辑插件，用于描述体系中系统组成及其结构。系统组成模型设计工具箱包含系统元素、外部系统元素和组成关系元素。

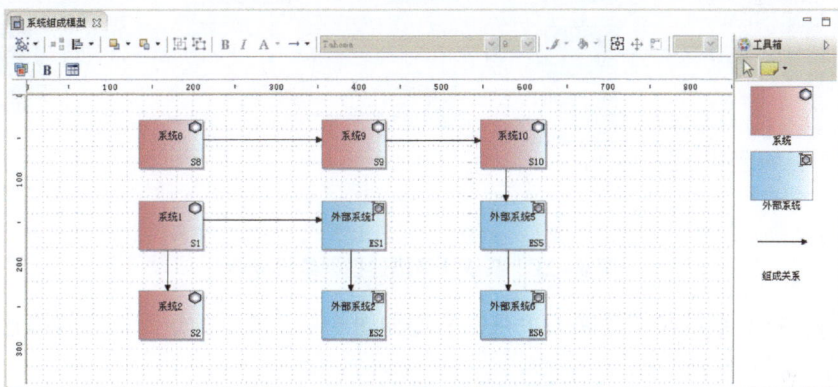

图 6 - 19　系统组成模型编辑插件

（2）针对系统信息交互模型，主要采用图形的方式进行可视化表示，系统提供如图 6 - 20 所示的系统信息交互模型编辑插件，用于描述系统之间的信息交换关系。系统信息交互模型设计工具箱包含系统元素、外部系统元素和信息流元素。

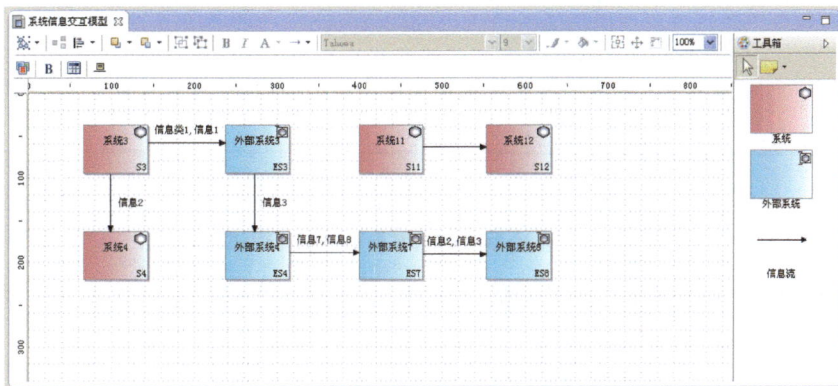

图 6 - 20　系统信息交互模型编辑插件

（3）针对系统功能描述模型，主要采用图形的方式进行可视化表示，系统提供如图 6-21 所示的系统功能描述模型编辑插件，用于描述系统具备的功能。系统功能描述模型设计工具箱包含系统元素、组成关系元素、系统功能元素和分解关系元素。

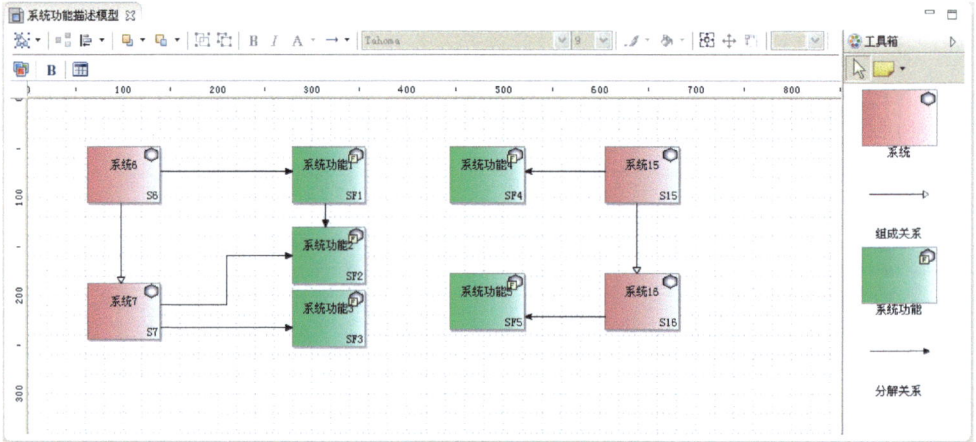

图 6-21　系统功能描述模型编辑插件

（4）针对系统与活动映射关系，采用如图 6-22 所示的矩阵的方式描述系统负责完成哪些活动。

图 6-22　系统与活动映射关系可视化描述方式

（5）针对系统与能力映射关系，采用如图 6-23 所示的矩阵方式描述系统能够支撑实现的能力。

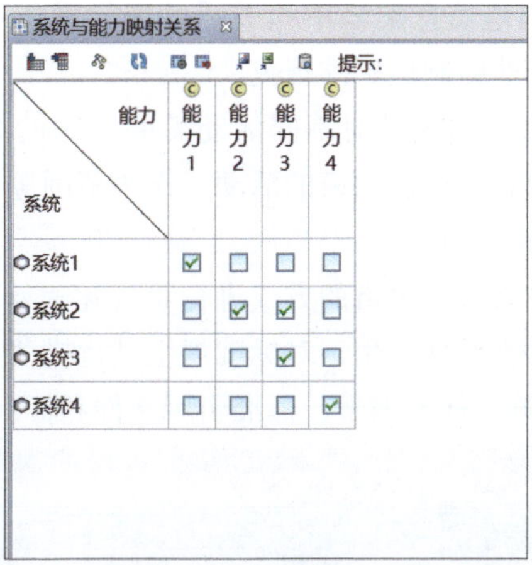

图 6 – 23 系统与能力映射关系可视化概述方式

（6）针对系统性能描述模型，采用如图 6 – 24 所示的方式描述系统具备的战技指标。系统性能描述模型列表包含系统元素、性能名称、度量单位和性能参数。

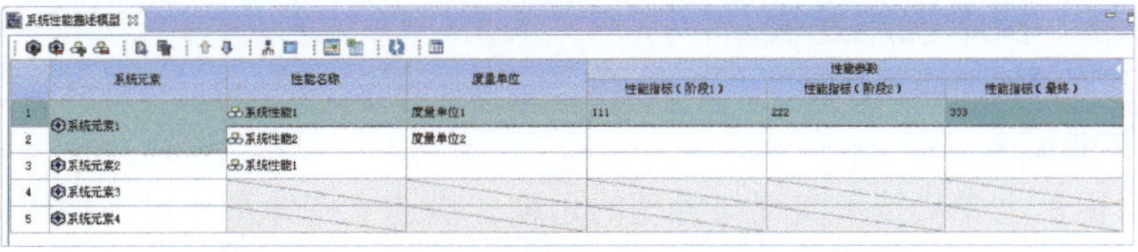

图 6 – 24 系统性能描述模型可视化描述方式

6.3.6 标准规范视角建模

1. 模型定义

标准规范视角描述约束体系建设、规范体系运用的标准、规范、条令、条例、规则的内容、结构。主要支持指挥信息系统技术标准建模（支持对技术标准分类、技术标准进行可视化建模）。其包含的主要模型、模型标识及其采用的表示方式如表 6 – 7 所示。

表 6 – 7 标准规范视角模型

模型名称	模型标识	模型描述	表示方式
技术标准列表	StdV – 1	描述所有适合信息架构的技术标准分类及标准规范	表格

2. 模型数据设计

标准规范视角包含的主要模型元素如下。

（1）标准规范。规范信息架构中相关活动或元素的统一规程、条例等。可分为强制性标准规范和非强制性标准规范。

（2）规则。规则需求描述是对不同活动需要遵循的规则描述。规则需求描述的属性包括标识、内容描述、约束的活动、作用范围等。

3. 模型可视化表示

针对标准规范，主要采用表格的方式进行可视化表示。系统提供如图 6 – 25 所示的标准规范列表编辑插件，用于对标准规范进行描述。标准规范列表包含标准体系/分类、标准名称、标准编号、标准引用文件和标准应用范围。

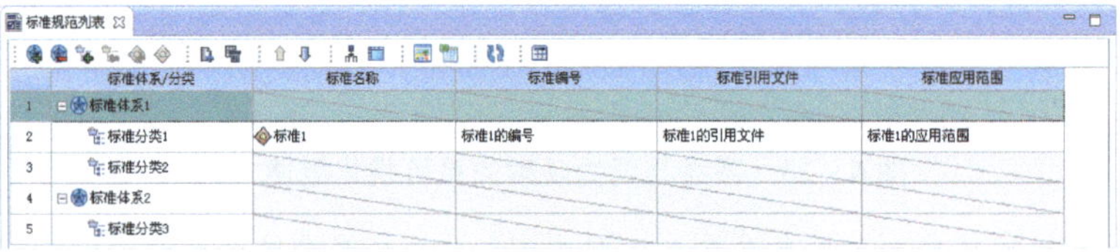

图 6 – 25   标准规范列表编辑插件

6.3.7   技术视角建模

1. 模型定义

技术视角主要从技术实现与管理的角度，描述支持体系建设、运用的技术体制，分析、预测对体系有较大影响关键技术的发展趋势，确定关键技术的演化策略，规范体系建设与演化的技术实现手段与方法。技术视角支持对技术参考模型、技术展望模型、技术对能力的影响模型、技术发展路线图模型进行可视化建模。包含的主要模型、模型标识及其采用的表示方式如表 6 – 8 所示。

表 6 – 8   技术视角模型

模型名称	模型标识	模型描述	表示方式
技术参考模型	TV – 1	体系在技术层面上的一种通用平台服务模型和分类法	图形
技术展望模型	TV – 2	描述体系中关键技术的发展趋势	表格
技术对能力的影响模型	TV – 3	描述关键技术发展对体系能力的影响方式和影响程度	表格
技术发展路线图模型	TV – 4	描述关键技术对系统的影响方式和影响程度	表格

2. 模型数据设计

技术视角包含的主要模型元素如下。

（1）技术分类。技术分类主要按照技术特性或应用层次对技术进行分类或分层。技术分类的原则可以按照技术领域分类，也可以根据具体技术体制的特点分类。

（2）技术分类结构关系。技术分类结构关系描述技术分类以及技术接口的组成结构关系。

（3）技术接口。技术接口主要描述不同技术分类模型之间的接口关系。

（4）时间点。时间点描述技术发展对系统、能力影响的关键时间点。

（5）影响方式。影响方式描述技术对系统、能力的影响方式。

（6）影响程度。影响程度反映技术对系统、能力的影响程度。

（7）技术发展预测。技术发展预测描述未来时间段或时间点技术的发展水平。

3. 模型可视化表示

（1）针对技术参考模型，主要采用图形的方式进行可视化表示，通常技术参考模型采用分类、层次的描述方法。参考模型可采用多种表示样式，模型示例如图 6 – 26 所示。

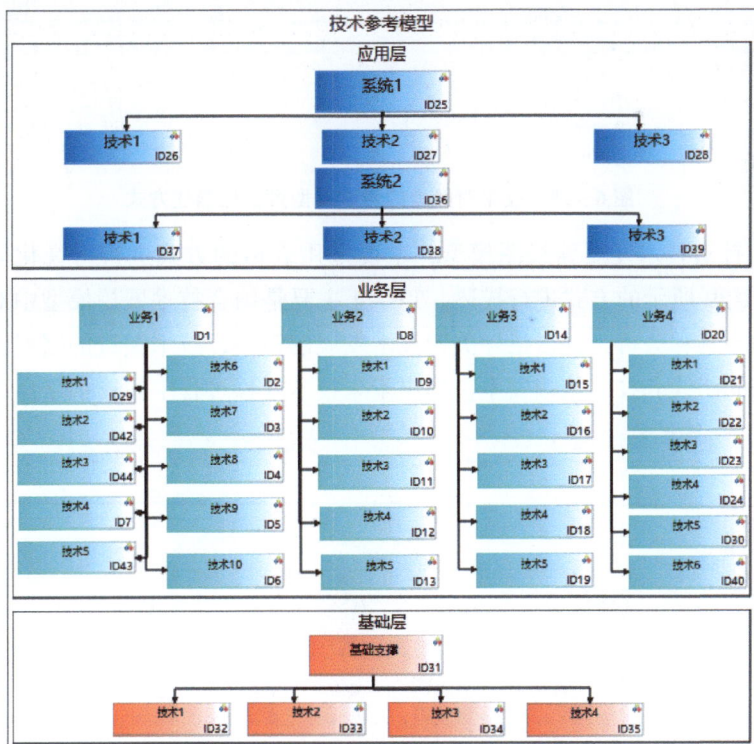

图 6 – 26　技术参考模型可视化描述方式

（2）针对技术展望模型，主要采用表格的方式进行可视化表示，采用如图 6-27 所示的方式进行描述。技术展望模型列表包含名称、标识、描述、先进程度、发展阶段、制约因素、发展途径、当前计划以及成熟度等。

				技术						成熟度						
	名称	标识	描述	先进程度	发展阶段	制约因素	发展途径	当前计划	◄	1级	…	…	…	…	…	9级	◄
1	技术1	TE1		落后美国5-10年	成长期	政策制度	集成创新	基础加强		已开展仿真验证							
2	技术2	TE2		落后美国5年	萌芽期	科研条件	原始创新	战略先导		未开展							
3	技术3	TE3		落后美国5年	萌芽期	科研条件	集成创新	基础加强		未开展							
4	技术4	TE4		与美国大致持平	成长期	学科基础	集成创新	基础加强		未开展							

图6-27　技术展望模型可视化描述方式

（3）针对技术对能力的影响模型，主要采用表格的方式进行可视化表示，采用如图 6-28 所示的方式进行描述。在 TV-2 中预测的关键技术一般需要在 TV-3 中分析它们对能力的影响，设计中要注意 TV-3 中技术领域和技术要与 TV-2 中的相关内容保持一致，对于没有在技术展望中出现、但是对体系能力有较大影响的技术，也可以在 TV-3 中说明。技术对能力的影响模型列表包含能力名称、活动名称、活动效果属性、技术发展等。

	能力	活动		技术发展			
	能力名称	活动名称	活动效果属性	当前	5年	10年	15年
1	ⓒ能力1						
2	ⓒ能力2						
3	ⓒ能力3						
4	ⓒ能力4	◇活动1					
5		◇活动2					

图6-28　技术对能力的影响模型可视化描述方式

（4）针对技术发展路线图模型，主要采用表格的方式进行可视化表示，采用如图 6-29 所示的方式进行描述。TV-4 主要是结合技术展望模型中对未来技术发展的预测和分析，提出指导关键技术发展的策略、技术演进的路线，并根据技术演进的路线和技术依赖关系，提出未来技术迁移过程中的技术兼容策略。

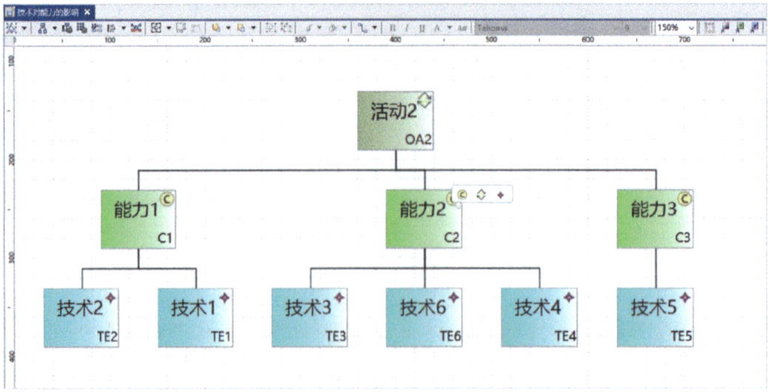

图6-29　技术发展路线图模型可视化描述方式

6.3.8　智能视角建模

1. 模型定义

智能视角主要从智能的角度支持体系建设，描述完成特定任务所必要的资源转移，重点以信息流描述为主；描述完成特定任务所必要的智能化指挥关系转移依赖和规则，重点以指挥流描述为主，指定了使命任务的自主协同规则，用于约束各任务的执行方式。其中，智能信息处理模型用于对智能算法的加工处理过程进行描述，包括智能信息活动、信息流等设计要素。智能视角支持对动态编排规则模型、组织协调规则模型、任务协同规则模型、智能信息处理进行可视化建模。包含的主要模型、模型标识及其采用的表示方式如表 6-9 所示。

表 6-9　智能视角模型

模型名称	模型标识	模型描述	表示方式
动态编排规则模型	INV-1	描述兵力动态编排规则	表格
组织协调规则模型	INV-2	描述组织指挥之间的智能指挥协同关系	表格
任务协同规则模型	INV-3	描述任务活动过程中的智能任务跨域协同规则	表格

2. 模型数据设计

智能视角包含的主要模型元素如下。

（1）智能规则名称。说明具体的智能规则的名称。

（2）智能规则描述。描述智能化体系中，涉及的节点、活动、组织机构以及它们之间的关联关系遵循的各种智能规则。

（3）智能规则影响范围。描述智能化运行规则应用的运行维护样式、想定等。

（4）约束的运行节点。受智能规则约束的各个运行节点。

（5）约束的组织机构。受智能规则约束的各级组织机构。

（6）约束的活动。受智能规则约束的各个活动。

3. 模型可视化表示

针对智能视角模型，主要采用表格的方式进行可视化表示，系统提供如

图 6－30～图 6－32 所示的智能规则列表编辑插件，用于对智能规则进行描述。智能规则包含智能规则名称、智能规则描述、智能规则影响范围、约束的运行节点、约束的组织机构和约束的活动。

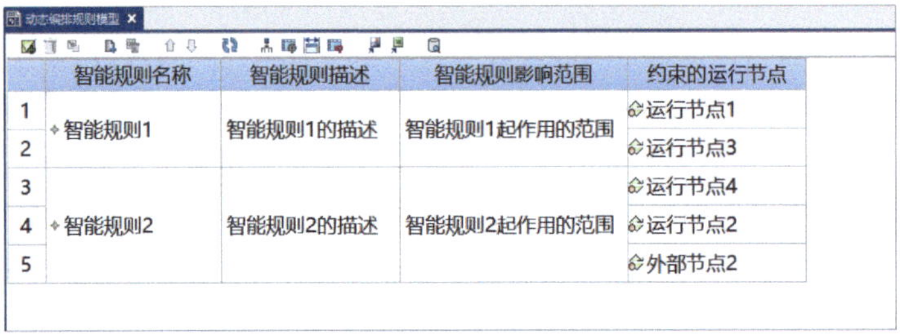

	智能规则名称	智能规则描述	智能规则影响范围	约束的运行节点
1	智能规则1	智能规则1的描述	智能规则1起作用的范围	运行节点1
2				运行节点3
3	智能规则2	智能规则2的描述	智能规则2起作用的范围	运行节点4
4				运行节点2
5				外部节点2

图 6－30 动态编排规则模型编辑插件

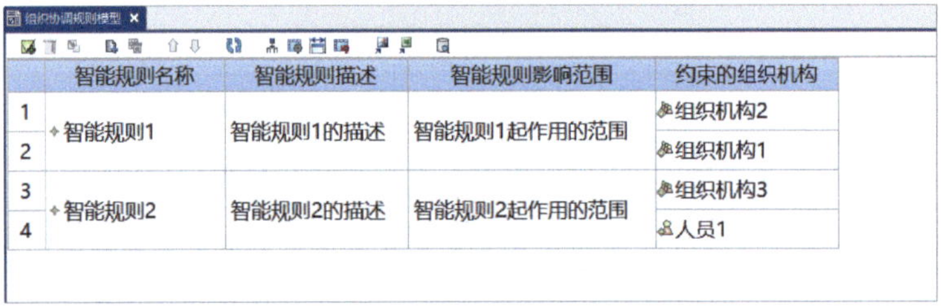

	智能规则名称	智能规则描述	智能规则影响范围	约束的组织机构
1	智能规则1	智能规则1的描述	智能规则1起作用的范围	组织机构2
2				组织机构1
3	智能规则2	智能规则2的描述	智能规则2起作用的范围	组织机构3
4				人员1

图 6－31 组织协调规则模型编辑插件

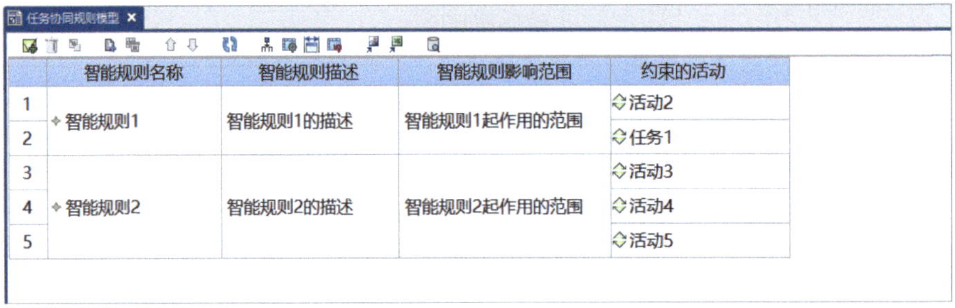

	智能规则名称	智能规则描述	智能规则影响范围	约束的活动
1	智能规则1	智能规则1的描述	智能规则1起作用的范围	活动2
2				任务1
3	智能规则2	智能规则2的描述	智能规则2起作用的范围	活动3
4				活动4
5				活动5

图 6－32 任务协同规则模型编辑插件

第7章
智能化体系架构设计案例

7.1 马赛克战简介

当前以大数据和云计算为代表的前沿信息技术的飞速发展，极大地促进了军事指挥决策的快速、高效发展。与此同时，空、天、地、海、网等多个方面的智能无人系统也迎来了爆发式发展，极大地促进了军队作战的跨域融合。马赛克战是一种基于技术的运行愿景，利用动态、协调和高度自治的可组合系统，如同拼装"马赛克拼图"，从功能的角度将感知、决策、控制、打击等实体单元看作"马赛克组件"，利用网络化信息技术将各实体单元迅速连接成为具有组合型、互操作、自适应能力的动态自适应杀伤网。以决策为中心的指挥和控制是实现马赛克战争顺利进行的关键。

7.1.1 马赛克战的产生原因

先进的军事技术与高端武器体系的相继出现，美国传统的高科技武器平台在总体上仍处于领先地位，但随着技术水平的差距越来越小，其战略价值也在逐步降低。新武器研发费用高，研发周期长，与国际形势变化相脱节。传统的战争模式主要是依靠某一种先进技术所产生的不对称性，这种优势在未来世界强国之间的竞争中会受到很大的削弱。

美国对其日益丧失优势的军事支配地位感到担忧。2018 年，《国防战略》呼吁国家应转变为遏制大国间的竞争。美国安全研究中心提出警告："几十年来，美国第一次在大规模的对抗大国的战争中失败。"自从《国防战略》出台后，美国军方就已经形成了这样一种共识，为了在将来的点对点竞争中取得胜利，美国军队必须转变自己的作战风格，并调整自己的战斗力。

美军相信，他们在"沙漠风暴"战役中取得的绝对胜利，促使中国的军事理念发生了巨大的变化。中国在对"沙漠风暴"以及美军后续作战的研究之后，制定了一套针对美国传统作战模式的中国特点的统一战线战术，并试图将其应用于战术层面，让美军的作战计划失去作用。与此同时，他们的敌人也会从中国逐渐成熟的统一战线理论中汲取经验，这一理念是针对美国军事力量的设计与运作。换言之，体系战争将不只限于中国，而国防部应该把"系统对抗"与"体系破坏战"作为一个重要的指示器，在将来，美国的军队和军事体系将受到同等或相近的对手的威胁。

总体而言，全球竞争者在过去数十年中一直在学习美国的作战方式，他们的战略、作战理念以及相应的武器都是针对美国的。冷战后的美国首次意识到，它必须反思它的战争对策。美国国防部必须以美国的未来战争策略为中心，并以马赛克战为基础进行新的军事力量的设计。

7.1.2　马赛克战的特点

1. 基本单元的低成本与低复杂度

基于马赛克战的运行概念，作战平台更注重多个能力的全面化，但集中大规模而复杂的功能会增加成本和复杂度，使其在未来战争中处于劣势。然而，基于马赛克概念的作战平台削弱了每个基本构件的功能需求，减少了系统的复杂性，为镶嵌技术的发展提供了新思路：一是控制生产与维修费用，简化实体单元降低了生命周期内的操作和维护成本，使相关成本降低。二是提升生产速度与降低军费支出。在战时状态下，实体单元的生产速度提升，但军费支出降低，有利于缓解战争经费压力、建立资源消耗优势和扭转战局。三是缩短研制时间和提升武器更新速度。降低了战斗单元的研制时间，使得武器装备的硬件和软件升级速度加快，将最新军事技术快速应用于战场。

2. 基本单元间的组合动态灵活与高度自主

此特点不仅适用于单一或特定的战场环境，也适用于广泛的战场环境与多种类型的任务。战争场景的需要与战争任务的需求，共同决定了最终马赛克战拼图的组合样式和功能表达。动态灵活、高度自主的马赛克战拼图，可以根据战斗需要最大化地使用战场上可配置的资源，将单个功能平台的独特性与多个功能平台的整合性相结合，使每种作战平台都物有所值，体现了马赛克战的灵活性和自主性。

在马赛克战的作战理念中，各基本模块按需组合、协同自治，能够灵活地进行拼接与分解，每个基础模块的改造只针对其本身进行，不会对基础模块间的组合与功能表现产生任何影响，呈现出持久、快速、开放的未来适应能力。

3. 以分布式的方式实施决策中心战

在复杂的战场环境中，任务类型繁多，基础实体单元的职能多样，因此执行任务时采取了分散的方式。针对特定任务，基础实体单元选择合适的任务并进行网络组网，决策过程也是分布式的。即使在集群任务执行时，感知和决策等行为仍然是分散的。每个人在群体行为中都有独立的自主性和能力，同时具备独立的感知、决策和执行能力。结合人工智能的思想进行分布式态势感知和智能决策控制，实现更高效的作战指挥与控制。通过实体单元的灵活搭配，可以迷惑对手、增强自身战斗力的不确定性，从而获得战争的优势。

4. 部分基本单元仍然具有完成使命任务的能力

马赛克战具有分布式特点，即使局部单位被破坏，其决策程序仍能正常运作，因为存在大量冗余节点，不会缺少关键节点。这种抗抵消的特性源于"无人机蜂群"等集群作战理念，但在马赛克战中加入了新内容。马赛克战由大量马赛克方块组成，破坏一些单位不影响整个战斗过程，且在马赛克网格被破坏时，可吸收其他网格或重新组合网格，保持战斗效率。这种创新使得马赛克战能在对称战争中保持完整的战斗功能，通过数量的积累取得胜利。

7.1.3 马赛克战的主要短板

当前马赛克战作为一种新型战争概念，虽然前景看好，但同时也面临着一系列的挑战与短板。这些挑战主要包括对"颠覆性创新技术"的过度依赖、通信网络的脆弱性、人工智能和自主系统的发展水平不足、后勤保障的困难等方面。

1. 依赖"颠覆性创新技术"带来的问题

马赛克战的核心理念是通过大规模且高度分散的无人平台，实现能力的全面化。然而这种战争形态在很大程度上依赖于所谓的"颠覆性创新技术"，如大规模的无人系统、人工智能等。当前的技术水平可能无法完全满足这一需求，特别是对通信技术和人工智能的过于依赖，容易使系统面临通信中断、数据丢失等风险。

2. 通信网络的脆弱性

马赛克战强调了分散部署和动态组合的重要性，这就意味着大量的实体单元需要在广阔地域内分布，并通过网络进行联合作战。然而在高度对抗的战场环境下，通信网络的脆弱性成了一个巨大挑战。大量的平台之间需要高效的通信，但在战争环境中，通信线路可能会被敌方破坏或干扰，从而影响指挥与控制。

3. 人工智能和自主系统的发展水平不足

尽管人工智能技术发展迅速，但在作战数据判断、方案优化和自主决策等方面仍存在诸多困难。作为其中的核心支撑技术，人工智能尚处在起步阶段，面临着数据判定、方案优化、自主决策等难题。在激烈的信息对抗中，隐真示假，以假充真，故意诱导，都是人工智能难以判定的。比如敌人在战场上布置的坦克，由于与真实目标几乎一模一样，所以很难被人工智能识别，需要有资深情报分析师参与。在对方案进行优化时，需要一个很好的算法支持，但目前来看，这样做是不现实的；此外，除技术"瓶颈"外，还有很大的道德风险。

4. 后勤保障的困难

马赛克战的分散部署和高度灵活性也给后勤保障带来了巨大挑战。大量的分散实体单元需要及时供给燃料、弹药和维护保养等支援，这对传统的后勤保障体系提出了更高的要求。然而，当前的后勤保障模式可能无法有效适应马赛克战的需求，需要全新的模式和技术来应对。

7.2 基于马赛克战的智能无人机集群智能化体系设计

7.2.1 概述

本体系设计的目的是根据智能无人机集群运行概念设计一个具象化的智能化体系结构。一是对智能无人机应当具备的自主性进行假设；二是给定了具体的集群样式；三是设计了由三种不同类型的智能无人机构建的杀伤网体系并进行了说明和解析；四是对本智能化体系设计的预期能力效果进行了分析预测。针对运行概念的智能化体系设计，主要分为以下六个方面。

（1）解析运行概念。重点从"怎么做"的角度，分析行动概念的内涵要义、运行维护环境、制胜策略、智能化体系和主要活动。

（2）力量体系架构设计。围绕智能无人机集群运行概念，梳理力量编成、领导指挥关系、武器平台及信息流转内容等，设计力量体系架构（OV – 2）。

（3）运行过程设计。基于运行概念中的活动，设计智能无人机集群运行过程及其信息关系，贯通观察、判断、决策、攻击（OODA）环，明确活动和支撑活动完成的装备、系统、设施、组织等节点要素（OV – 5a、OV – 5b）。

（4）提出能力。针对运行过程，提炼出智能无人机集群作战的能力要求，建立能力与活动的映射关系（CV – 2、CV – 4a），根据能力要求，梳理当前智能无人机集群作战各要素水平现状并分析能力差距（CV – 5b）。

（5）系统视角设计。面向智能无人机集群能力要求，设计智能无人机集群系统架构，明确主要系统组成、系统交互关系（SV – 1、SV – 2）等内容。描述系统与使命任务之间的对应关系，支持用户快速浏览系统对作战的支持，审查系统是否满足用户需求（SV – 6）。描述系统的能力需求与支持其实现的系统之间的对应关系，是系统视角与能力视角之间的桥梁（SV – 5）。

（6）智能规则设计。面向智能无人机集群智能化体系综合运用中的智能规则，设计运行节点的动态编排规则、活动的协同规则等（INV – 1、INV – 3）。

7.2.2 运行视角

1. 高级运行概念（OV-1）

智能无人机集群由一定数量的侦察无人机、电子干扰无人机和火力打击无人机组成。其中，侦察无人机携带 ISR 载荷，可以完成对特定地域的侦察搜索和特定目标的毁伤评估，无人机使用后可回收；电子干扰无人机携带电子战载荷，可以完成对特定目标的电磁压制干扰，无人机使用后可回收；火力打击无人机携带反辐射雷达、光电雷达等导引载荷，机身内置爆破战斗部，具有巡航能力，可自行发现、跟踪和摧毁辐射或非辐射目标，采用俯冲自杀式攻击方式，引爆后无人机不可回收，否则可回收。

智能无人机集群作战的杀伤网由观察节点、判断节点、决策节点和攻击节点组成，如图 7-1 所示。其中，观察节点和判断节点全部由侦察无人机担当；攻击节点由电子干扰无人机和火力打击无人机担当。这里将电子干扰视为一种软杀伤，火力打击视为一种硬杀伤。由于智能无人机集群作战应当体现为一种分布式的具有高度自主性的作战方式，故将决策节点与攻击节点融合，即是否进行攻击、如何进行攻击等决策问题均由攻击节点自行作出。

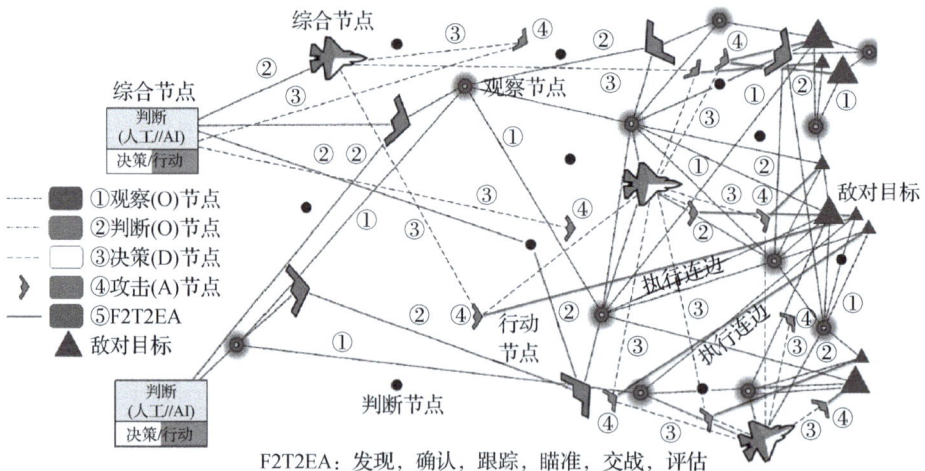

F2T2EA：发现，确认，跟踪，瞄准，交战，评估

图 7-1　智能无人机集群作战的杀伤网的组成

智能无人机集群作战杀伤网的动态自适性，主要体现在遂行使命任务时，杀伤网链路的观察节点和判断节点负责构建集群内部共享的动态战场态势图，而后由决策节点根据实时的战场态势制定各自的行动决策，并由攻击节点负责具体的

执行。随着时间的推移，智能无人机集群在不同的战场态势下，会实时动态地生成并运行多条 OODA 链路。需要特别强调的是，杀伤网 OODA 链路中的各个节点均为分布式的独立个体，杀伤网链路的形成并不存在集中控制，而是通过个体之间的自组织协同自发形成的。

2. 运行节点连接关系（OV-2）

图 7-2 所示为智能无人机集群运行节点连接关系。

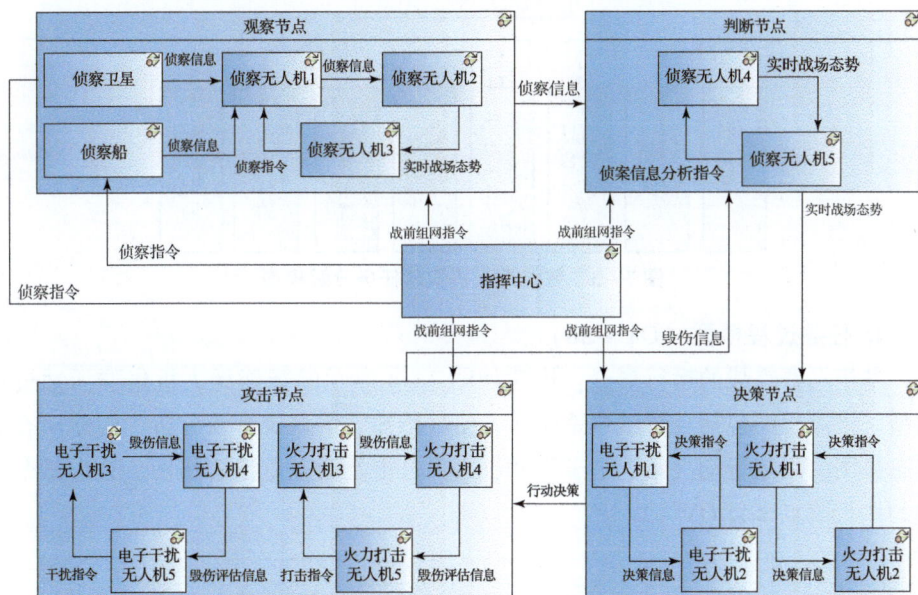

图 7-2　智能无人机集群运行节点连接关系

集群样式描述：

（1）在集群规模上，采用数量分散型集群。

（2）在功能结构上，由多种不同功能的无人机组成异构集群，每种无人机仅承担一种主要的作战职能，如侦察、电子干扰、火力打击等。

（3）在协同方式上，采用全部由无人机组成编队的机—机协同作战方式。其中，侦察无人机、电子干扰无人机、火力打击无人机等基本单元均具有低成本、低复杂度的特点，能够有效控制装备的制造成本和维护成本；其次每一类基本单元之间可以动态灵活组合，例如充当观察节点的侦察无人机与充当判断节点的侦察无人机在战时受损时，可以迅速动态重组，以保持杀伤网的战斗力。

3. 任务分解模型（OV-5a）

基于智能无人机集群运行流程，对使命任务依据颗粒度进行分解，包括自行组建杀伤网、侦察感知、信息聚合及分析、构建动态战场态势图、制定行动决策、电子干扰、火力打击、动态重组杀伤网。图 7-3 所示为智能无人机集群任务分解模型。

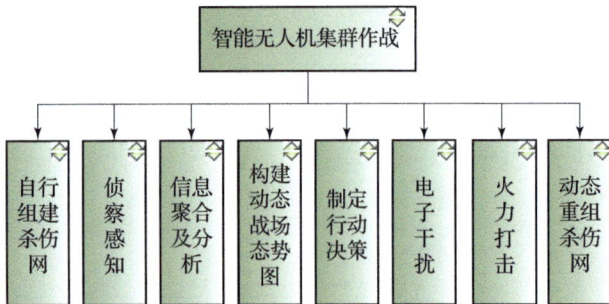

图 7-3 智能无人机集群任务分解模型

4. 任务过程模型（OV-5b）

基于马赛克战的运行概念，构建如图 7-4 所示的智能无人机集群活动过程模型。该流程图包括自行组建杀伤网、侦察感知、信息聚合及分析、构建动态战场态势图、制定行动决策、电子干扰、火力打击及动态重组杀伤网。其中每个活动的执行节点来自 OV-2。

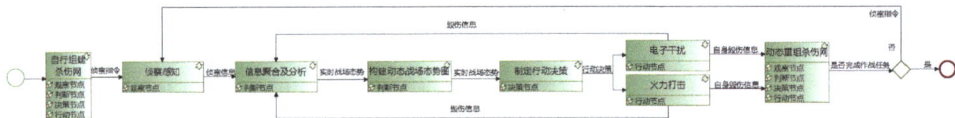

图 7-4 智能无人机集群活动过程模型

智能无人机集群活动具体过程描述：运行节点接到作战指令后，随即自行组建杀伤网，通过传感器收集环境信息，包括物理环境的特征、敌方、友邻和非战斗部队的部署、能力和意图等。对收集到的信息进行聚合、关联和分析，并生成实时战场态势图，为后续的决策提供辅助信息。在当前环境和任务条件下，权衡各种因素和可选行为，根据作战目的自主确定行动规划和设计。实施决策阶段定下的行动方案，如修正航向、打击目标、实施干扰等。智能无人机集群作战杀伤网的动态自适性，主要体现在遂行使命任务时，智能无人机受损，迅速重新组网，以保持杀伤网的战斗力，准备下一轮攻击。

7.2.3　智能视角

1. 动态编排规则模型（INV-1）

智能无人机集群动态编排规则模型如图7-5所示。基于运行节点连接关系（OV-2）中构建的运行节点，对行动节点、判断节点、观察节点、决策节点做了规则描述。

	智能规则名称	智能规则描述	智能规则影响范围	约束的作战节点
1	◆ 分布式群体态势感知规则	在复杂、激烈的战场环境下，每个阶段的作战任务丰富多变，基本作战单元的功能类型也各式各样，因而不同个体或群体对作战任务的选择是分布式的。本次作战活动中的分布式群体态势感知是对自身所处位置、敌军的位置及他们的实力，以及双方的毁伤程度等各类信息进行快速收集，为后续智能决策提供前置信息	智能无人机集群作战	◆ 行动节点
2				◆ 判断节点
3				◆ 观察节点
4				◆ 决策节点
5	◆ 自适应群体智能决策规则	人工智能和自主系统是提高马赛克战作战效能的核心关键所在。由于战场瞬息万变，自适应群体智能决策需要在秒级时间内自适应战场环境并迅速运算出合理的方案结果，人工智能正是提高这一运算速度的核心技术	智能无人机集群作战	◆ 决策节点

图7-5　智能无人机集群动态编排规则模型

智能无人机集群作战包括两个规则。

（1）分布式群体态势感知规则。在复杂、激烈的战场环境下，每个阶段的作战任务丰富多变，基本作战单元的功能类型也各式各样，因而不同个体或群体对作战任务的选择是分布式的。本次作战活动中的分布式群体态势感知是对自身所处位置、敌军的位置及他们的实力，以及双方的毁伤程度等各类信息进行快速收集，为后续智能决策提供前置信息。

（2）自适应群体智能决策规则。人工智能和自主系统是提高马赛克战作战效能的核心关键所在。由于战场瞬息万变，自适应群体智能决策需要在秒级时间内自适应战场环境并迅速运算出合理的方案结果，人工智能正是提高这一运算速度的核心技术。

2. 任务协同规则模型（INV-3）

智能无人机集群任务协同规则模型如图7-6所示。基于任务过程模型（OV-5b）中构建的活动，对其中动态重组杀伤网做规则描述：即便部分单元被摧毁，其整体的决策运行仍可以正常工作。分布式特性决定了马赛克战具有良好的韧性和较多的冗余节点，没有缺之不可的关键节点。一旦部分的马赛克节点被抵消或者摧毁，其将采用高度灵活自主的方式吸收其他马赛克节点进行功能补充，或者对剩余的马赛克节点进行重组，以次优的方式维持整体的作战效能。

	智能规则名称	智能规则描述	智能规则影响范围	约束的作战活动
1	◇ 动态重组杀伤网	即便部分单元被摧毁，其整体的决策运行仍可以正常工作。分布式特性决定了马赛克战具有良好的韧性和较多的冗余节点，没有缺之不可的关键节点。一旦部分的马赛克节点被抵消或者摧毁，其将采用高度灵活自主的方式吸收其他马赛克节点进行功能补充，或者对剩余的马赛克节点进行重组，以次优的方式维持整体的作战效能	智能无人机集群作战	◇ 动态重组杀伤网

图 7 – 6　智能无人机集群任务协同规则模型

7.2.4　能力视角

1. 能力分类模型（CV – 2）

智能无人机集群体系能力分类模型如图 7 – 7 所示。智能无人机集群体系能力分为装备按任务聚合能力、网络动态自适应能力、分布式智能决策能力、资源精细化组织能力。其具体描述见表 7 – 1。

图 7 – 7　智能无人机集群体系能力分类模型

表 7 – 1　智能无人机集群体系能力描述

序号	能力名称	能力描述
1	装备按任务聚合能力	装备能够按照功能进行解耦与分布部署。战场上武器装备中各类能力、组件和服务能够与装备物理实体进行解耦，解除其固属关系，并进行虚拟化和对外提供服务，最终将装备分解成最小的、能够对外提供服务的实用功能单元。如将通用平台上的感知、决策和打击类资源分解，形成功能分散部署的分布式功能模块，各功能模块具有可接替性和可消耗性
2	网络动态自适应能力	高对抗条件下网络快速构建与自适应调整能力。面向分布式兵力组织需求，采用去中心化的通信体系结构，能够动态快速构建网络，支持网络动态管理、装备自适应接入和网络韧性抗毁，可支撑装备间快速建立最优链路通信关系，实现马赛克式装备的快速拼接、能力生成和动态调整

续表

序号	能力名称	能力描述
3	分布式智能决策能力	人机融合的混合决策能力。作战人员和机器智能能够高效交互、相互信任和相互理解。将指挥员高阶的、宏观的对不确定环境认知的机制与机器的受限约束、确定边界下强大的搜索计算能力相结合，使机器能充分理解指挥员意图，快速搜索迭代形成最优方案。通过人机交互、迭代式协同学习，逐步将指挥员概略决心转换成具体的作战计划，实现体系资源最迅捷和最优化调度
4	资源精细化组织能力	面向广域战场资源，基于去中心化通信网络架构，机器控制系统利用分布式战场资源管控技术，实现面向任务的战场资源的统一组织与精准运用，实现智能化体系动态构设、资源敏捷调整及能力自主涌现，确保形成精准、高效的体系能力

2. 能力与任务关系模型（CV-4a）

图 7-8 所示为智能无人机集群体系能力与活动的映射关系。自行组建杀伤网、动态重组杀伤网、信息聚合及分析、构建动态战场态势图及制定行动决策五

能力 活动	网络动态自适应能力	装备按任务聚合能力	资源精细化组织能力	分布式智能决策能力
自行组建杀伤网	☑	☐	☐	☐
动态重组杀伤网	☑	☐	☐	☐
火力打击	☐	☑	☑	☐
信息聚合及分析	☑	☐	☑	☑
构建动态战场态势图	☑	☐	☐	☑
侦察感知	☐	☑	☑	☐
电子干扰	☐	☑	☑	☐
制定行动决策	☑	☐	☑	☑

图 7-8　智能无人机集群体系能力与活动的映射关系

个活动共同生成网络动态自适应能力；火力打击、侦察感知、电子干扰生成装备按任务聚合能力；信息聚合及分析、制定行动决策、侦察感知、火力打击及电子干扰五个活动生成资源精细化组织能力；信息聚合及分析、构建动态战场态势图及制定行动决策三个活动共同生成分布式智能决策能力。

3. 能力效果模型（CV-5b）

智能无人机集群能力效果模型如图 7-9 所示。基于能力与任务关系模型（CV-4a），继续定义能力在具体活动下的效果，并采用增量式方法定义能力效果需求。体系能力设计的主要目的体现在该模型。其定义的能力效果用于对体系的当前能力、未来预期能力进行描述和设计，可作为量化分析的依据。

	能力	活动		阶段	
	能力名称	活动名称	活动效果属性	当前	未来
1			EA 网络容量	70个	90个
2		自行组建杀伤网	EA 网络信息速率	100GB/S	200 GB/S
3			EA 网络建立时间	5min	4min
4			EA 网络容量	70个	90个
5		动态重组杀伤网	EA 网络信息速率	100GB/S	200 GB/S
6	网络动态自适应能力		EA 网络建立时间	10s	5s
7		制定行动决策	EA 任务规划时间	5s	3s
8			EA 态势突变时任务再规划响应时间	5s	3s
9		信息聚合及分析	EA 分析时间	5s	3s
10		构建动态战场态势图	EA 准确率	95%	99%
11			EA 构建时间	20s	10s
12			EA 命中率	75%	95%
13		火力打击	EA 打击用时	15min	10min
14			EA 毁伤程度	较高	高
15	装备按任务聚合能力	侦察感知	EA 定位精度	30m	10m
16			EA 情报时效	30s	60s
17		电子干扰	EA 通信信号被侦察率	15%	5%
18			EA 保护频段覆盖率	75%	95%
19			EA 命中率	75%	95%
20		火力打击	EA 打击用时	15min	10min
21			EA 毁伤程度	较高	高
22		侦察感知	EA 定位精度	30m	10m
23	资源精细化组织能力		EA 情报时效	30s	60s
24		电子干扰	EA 通信信号被侦察率	15%	5%
25			EA 保护频段覆盖率	75%	95%
26		制定行动决策	EA 任务规划时间	5s	3s
27			EA 态势突变时任务再规划响应时间	5s	3s
28		信息聚合及分析	EA 分析时间	5s	3s
29		制定行动决策	EA 任务规划时间	5s	3s
30			EA 态势突变时任务再规划响应时间	5s	3s
31	分布式智能决策能力	构建动态战场态势图	EA 构建时间	3s	2s
32			EA 准确率	95%	99%
33		信息聚合及分析	EA 分析时间	5s	3s

图 7-9　智能无人机集群能力效果模型

7.2.5　系统视角

1. 系统组成模型（SV-1）

如图 7-10 所示，智能无人机集群作战系统由对抗环境下通信系统、智能决策辅助系统、自动评估分析系统、电子对抗作战系统、战场效果采集系统以及分布式动态自适应系统组成。

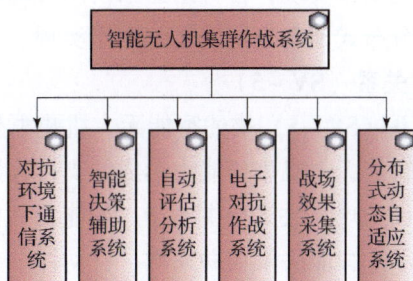

图 7-10　智能无人机集群作战系统组成模型

2. 系统与活动映射关系（SV-6）

图 7-11 所示为智能无人机集群作战系统与活动的映射关系。制定行动决策

活动 \ 系统	智能决策辅助系统	自动评估分析系统	战场效果采集系统	电子对抗作战系统	对抗环境下通信系统	分布式动态自适应系统
制定行动决策	☑	☐	☐	☐	☐	☑
电子干扰	☐	☐	☐	☑	☑	☑
侦察感知	☑	☑	☑	☐	☑	☑
构建动态战场态势图	☑	☑	☐	☐	☑	☐
信息聚合及分析	☑	☐	☐	☐	☐	☑
火力打击	☐	☐	☐	☐	☐	☑
自行组建杀伤网	☐	☐	☐	☑	☐	☑
动态重组杀伤网	☐	☐	☐	☐	☑	☑

图 7-11　智能无人机集群作战系统与活动的映射关系

活动由智能决策辅助系统及分布式动态自适应系统支撑实现；电子干扰活动由电子对抗作战系统、对抗环境下通信系统及分布式动态自适应系统支撑实现；侦察感知活动由智能决策辅助系统、自动评估分析系统、战场效果采集系统、对抗环境下通信系统以及分布式动态自适应系统支撑实现；构建动态战场态势图由智能决策辅助系统及自动评估分析系统支撑实现；信息聚合及分析活动由自动评估分析系统、对抗环境下通信系统及分布式动态自适应系统支撑实现；火力打击活动由分布式动态自适应系统支撑实现；自行组建杀伤网及动态重组杀伤网活动均由对抗环境下通信系统及分布式动态自适应系统支撑实现。

3. 系统与能力映射关系（SV-5）

系统与能力映射关系（SV-5）描述智能无人机集群体系中涉及的能力与系统的关系，说明系统对智能无人机集群能力形成的支撑作用以及支撑的程度，为系统开发和体系能力建设的规划决策提供支持。智能无人机集群体系系统与能力映射关系如图 7-12 所示。智能决策辅助系统、自动评估分析系统及战场效果采集系统共同支撑分布式智能决策能力的实现；对抗环境下通信系统及分布式动态自适应系统共同支撑网络动态自适应能力及资源精细化组织能力的实现；电子对抗作战系统及分布式动态自适应系统支撑装备按任务聚合能力的实现。

能力 系统	分布式智能决策能力	网络动态自适应能力	资源精细化组织能力	装备按任务聚合能力
智能决策辅助系统	☑	☐	☐	☐
自动评估分析系统	☑	☐	☐	☐
战场效果采集系统	☑	☐	☐	☐
电子对抗作战系统	☐	☐	☐	☑
对抗环境下通信系统	☐	☑	☑	☐
分布式动态自适应系统	☐	☑	☑	☑

图 7-12　智能无人机集群体系系统与能力映射关系

4. 系统信息交互模型（SV - 2）

系统信息交互模型描述在一定任务或典型场景下，为支持能力生成，系统间需要交互的信息，为系统建设、体系运用提供指导。结合不同系统的功能和作用，梳理系统间需要交互的数据信息，基于系统组成模型（SV - 1）中的系统设计智能无人机集群体系系统交互模型，如图 7 - 13 所示。

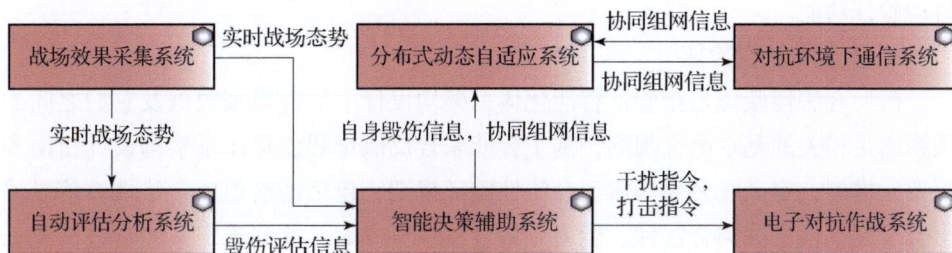

图 7 - 13　智能无人机集群体系系统信息交互模型

7.3　基于马赛克战的智能无人机集群智能化体系验证

开展典型智能化体系结构验证的主要目的是提高体系架构设计的质量。一方面，能够保证建模的正确性，及时识别和解决模型中存在的完整性、一致性、合法性等问题，大大提高架构设计的质量和效率；另一方面，保证了设计出模型的实现能力，能够更好地支持将体系设计模型转换成程序语言及精确的符号的过程，能否很好地将系统用模型表达出来是系统开发成功的重要因素。

针对智能无人机集群智能化体系架构关联性验证工作，其关联性验证内容从以下三个方面进行。

1. 模型完整性验证

模型完整性验证是指验证智能化体系架构模型中是否存在孤立的模型元素或缺乏对模型语义来讲必要的模型元素或关系，将智能联合反航母智能化体系架构设计指南和框架元模型，定义架构模型完整性的验证规则，包括活动流程完整性、输入/输出接口完整性、转换映射完整性、信息组成完整性、能力组成完整性、规则描述完整性/能力效果描述完整性等方面，并基于定义的完整性验证规则在智能化体系架构设计工具中实现完整性自动验证功能。

2. 模型一致性验证

模型一致性验证是指验证智能化体系架构设计视角内的各模型之间、不同视角的模型之间的交叉与应用是否存在冲突或冗余，基于智能联合反航母智能化体系架构设计指南和框架元模型，定义联合架构模型一致性关联验证规则，包括信息活动接口一致性、信息输入/输出一致性、信息关联一致性、能力活动映射一致性、能力依赖关系一致性、能力组成结构一致性、能力效果描述一致性等方面，并基于定义的一致性关联验证规则在智能化体系设计工具中实现一致性关联自动验证功能。

3. 模型合法性验证

模型合法性验证是指验证智能化体系架构设计中的各模型数据及它们之间的关系满足相关的基本语义规则，基于智能联合反航母智能化体系架构设计指南和框架元模型，定义联合架构模型合法性验证规则，包括活动组成合法性、信息输出合法性、信息分类合法性、能力分解合法性等方面，并基于定义的合法性验证规则在智能化体系架构设计工具中实现合法性自动验证功能。

针对本次体系架构设计，开展体系设计验证工作，可分为以下两次验证。

第一次验证结果

1. 问题数量统计

验证分析数据统计信息如表 7 - 2 和表 7 - 3 所示。

表 7 - 2　验证结果问题总量统计

序号	问题级别	问题个数/个	备注
1	错误个数	22	
2	警告个数	8	
3	其他问题	0	

表 7 - 3　详细问题数量统计

序号	问题类型	问题项/项	备注
1	一致性问题	8	
2	完整性问题	22	
3	合法性问题	0	

2. 验证问题分析

通过对模型的验证以及问题数量统计，验证结果分别显示了完整性、一致性、合法性的若干问题。其中，完整性问题主要表现在运行视角中及能力视角中的节点缺少相关的描述;一致性问题主要表现在能力与活动关系模型中的活动没有出现在信息活动视角中,因本次体系设计中的活动不涉及信息活动,能力视角中的能力只关联活动,所以该警告性问题不做修改。

(1) 典型问题。如图 7 - 14 所示,以运行视角中"侦察无人机 2"运行节点为例,数据属性中没有编辑描述的内容。

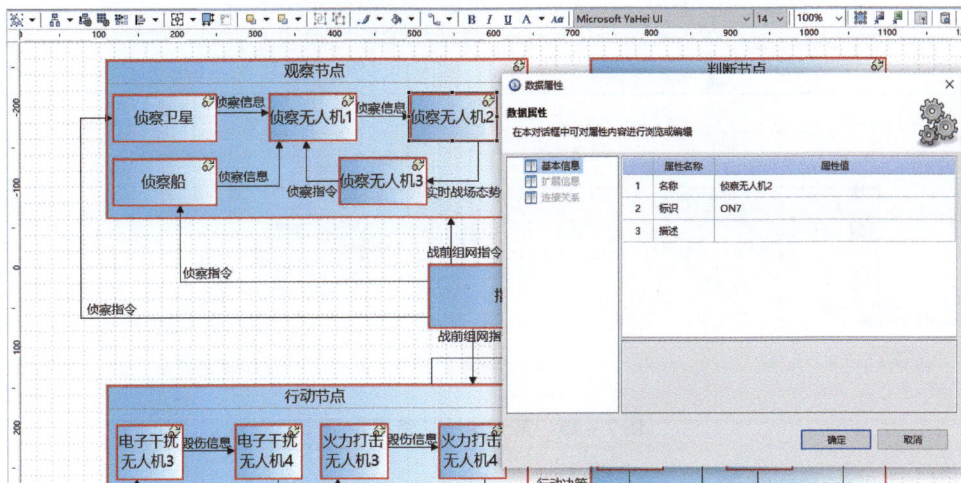

图 7 - 14　典型问题——改正前

(2) 问题改正。如图 7 - 15 所示,已在"侦察无人机 2"运行节点的数据属性中加入缺失的描述。再次检查后,问题红框消失。

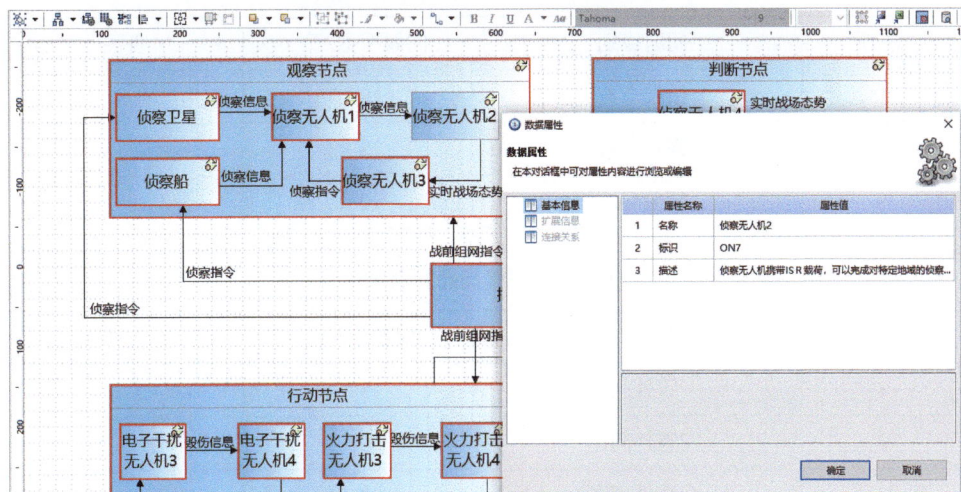

图 7 - 15　典型问题 1——改正后

3. 验证结果图

模型验证结果示意如图 7 – 16 所示。问题节点自动用红框标注。

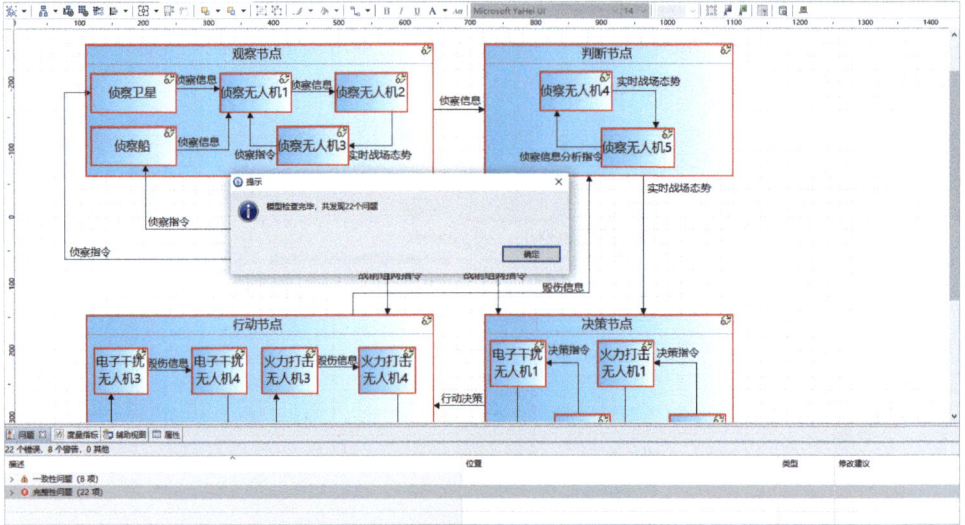

图 7 – 16 第一次验证结果示意

第二次验证结果

1. 问题数量统计

验证分析数据统计信息如表 7 – 4 和表 7 – 5 所示。

表 7 – 4 验证结果问题总量统计

序号	问题级别	问题个数/个	备注
1	错误个数	0	
2	警告个数	8	
3	其他问题	0	

表 7 – 5 详细问题数量统计

序号	问题类型	问题项/项	备注
1	一致性问题	8	
2	完整性问题	0	
3	合法性问题	0	

2. 验证问题分析

第一次验证之后进行修改，主要补充体系设计中的完整性问题，将活动、能力等相关节点的属性补充完整，因第一次验证得出的警告性问题暂不处理，所以第二次验证结果显示问题有 8 个警告性问题。

3. 验证结果图

模型验证结果示意如图 7 – 17 所示，第一次验证出现的问题已解决，红框消失。

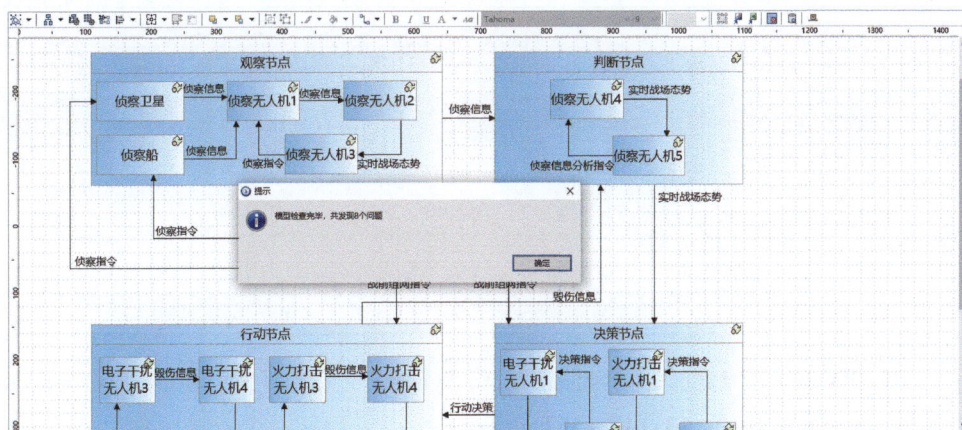

图 7 – 17　第二次模型验证结果示意

参考文献

[1] BERRY B J L. Cities as System Within Systems of Cities[J]. Regional Sciences Association, 1964, 13:147 – 163.

[2] EISNER H M J , MC MILLAN R. Computer – Aided System of Systems Engineering [C] // Charlottesville, VA: Proceedings of the 1991 IEEE International Conference on Systems, Man, and Cybernetics, University of Virginia, 1991:13 – 16.

[3] MAIER M W. Architecting Principles for Systems – of – Systems [C] // New York: Proceedings of the 6th Annual Symposium of INCOSE, 1996.

[4] USAF SAB. System of Systems Engineering for Air Force Capability Development [R]. Springs: Executive Summary and Annotated Brief, SAB – TR – 05 –04. 2005.

[5] Department of Defense(DoD). Defense Acquisition Guidebook Ch. 4: System of Systems Engineering [M]. Washington, DC: Pentagon, 2004, 14.

[6] GIDEON J M, DAGLI C H, MILLER A. Taxonomy of Systems – of – Systems [C] // USA NJ: Proceedings CSER (Conference on Systems Engineering Research), Hoboken, Stevens Institute of Technology, March 2005.

[7] INCOSE Systems Engineering Handbook [R]. New York: Version 2a,

International Council on Systems Engineering, 2004.

[8] IEEE Standard for Application and Management of the Systems Engineering Process [S]. New York: Institute of Electrical and Electronics Engineers, Inc. , 1999.

[9] ROYCE W W. Managing the Development of Large Software Systems [C] // New York: Proceedings IEEE WESCON, 1970: 328 - 338.

[10] BOEHM B W. A Spiral Model of Software Development and Enhancement [J], Los Alamitos,CA: IEEE Computer, 1988, 21(5): 61 - 72.

[11] Congressional Research Service. Coast Guard Deepwater Acquisition Programs: Background, Oversight Issues, and Options for Congress [R]. Washington D. C. : June 2008.

[12] DELAURENTIS D, FRY D, SINDIY O. Modeling Framework and Lexicon for System - of - Systems Problems [J]. Piscataway, NJ: IEEE Transactions on Systems, Man, and Cybernetics - Part A Systems and Humans, 2007.

[13] GOROD A, SAUSER B, BOARD J. Paradox: Holarchical View of System of Systems Engineering Management[C]. IEEE International Conference on System of Systems Engineering. Monterey, CA, August 2008.

[14] KEVIN M G, DANDASHI F, DAVID J. Edwards, A Service Oriented Architecture (SOA) Approach to Department of Defense Architecture Framework (DoDAF) Architecting, 13th ICCRT, Hoboken NJ: 2007.

[15] MOD Partners. MOD Architecture Framework Version 1. 0 [R]. London, U. K. : Ministry of Defense, 2005.

[16] ZACHMAN J A. A Framework for Information Systems Architecture [J]. New York: IBM SYSTEM JOURNAL, 1987, 26(3).

[17] 罗爱民. 基于信息模型的 C4ISR 体系架构设计与分析方法研究[D]. 长沙: 国防科技大学, 2006.

[18] SOFTWARE P. The Zachman Framework[EB/OL]. http://government. popkin. com/ frameworks/zachman_framework. htm, 2004 - 12 - 11.

[19] Anonymous. The Open Group: TOGAF Version 9 to Debut at 21st Enterprise Architecture Practitioners Conference San Diego [J]. San Francisco: Science Letter,2008.

[20] Chief Information Officers (CIO) Council. Federal Enterprise Architecture Framework, v 1[R/OL]. New York, U. S. : CIO Council: http://www. itpolicy. gsa.

gov/mke/archplus/projectmodelsobjects/main_theciocouncilfeafver11. html ,1999.

[21] AAGEDAL J, BERRE A, et al. ODP – based Improvements of C4ISR – AF [C] // Annapolis, Maryland: 1999 Command and Control Research and Technology Symposium, United States Naval Warfare College, 1999.

[22] C4ISR Architecture Working Group. C4ISR Architecture Framework Version 1.0 [R]. Washington D. C. , U. S. : Department of Defense, 1996.

[23] TOLK D A, SOLICK S. Using the C4ISR Architecture Framework as a Tool to Facilitate V&V for Simulation Systems within the Military Application Domain [J]. Orlando, Florida: 2003 Spring Simulation Interoperability Workshop, April 2003.

[24] DoD Architecture Framework Working Group. DoD Architecture Framework Version 1.0 [R]. Washington D. C. , U. S. : Department of Defense, 2003.

[25] DoD Architecture Framework Working Group. DoD Architecture Version 1.5 Volume III: Architecture Data Description [R]. Washington D. C. , U. S. : Department of Defense, 2007.

[26] 总装论证中心,中电集团电科院. 军事综合电子信息系统体系架构框架 1.0 [R], 2004 年 7 月.

[27] Office of the Assistant Secretary of Defense. C4ISR Core Architecture Data Model (CADM) Version 2.0 [R]. Washington D. C. , U. S. : Department of Defense, 1 December 1998.

[28] DoD Architecture Framework Working Group. DoD Architecture Framework Version 2.0 [R]. Washington D. C. , U. S. : Department of Defense, 2009.

[29] MINISTRY OF DEFENCE, MOD Architectural Framework Viewpoint Overview Version 1.0 ,MINISTRY OF DEFENCE[R/OL]. London: 2005.8.

[30] The MODAF Development Team, The MOD Architecture Framework Version 1.2, London: 2008.9.

[31] ISSC NATO Open Systems Working Group, NATO C3 Technical Architecture, Version 7.0, Brussels: 2005.12.

[32] The NATO Consultation, Command and Control Board, NATO Architecture Framework (NAF) Version 3, Brussels: 2007.

[33] WAGENHALS L W, SHIN I, KIM D, et al. C4ISR Architectures II: Structured Analysis approach for architecture design [J]. Annapolis, Maryland : Systems

Engineering,2000,3(4):248-287.

[34] 阳东升,张维明,张英朝,等. 体系工程原理与技术[M]. 长沙:国防工业出版社,2013.

[35] 陈唯冰,董鹏,卢苇.基于数字化的工程项目质量管理方法探析[J]. 项目管理技术,2022,20(07):112-115.

[36] 黄力.基于 Statechart 图的 C4ISR 系统体系结构验证方法研究[D]. 长沙:国防科学技术大学研究生院,2004.

[37] The MODAF Development Team,"The MOD Architecture Framework Version 1. 2"[R],London,UK:Ministry of Defense,2008.9.

[38] FLAHIVE A. A System of Systems approach to Defence Experimentation:CAGE IIIA[C]∥Adelaide,Australia:Proc. of the 2014 9th International Conference on System of Systems Engineering(SOSE),2014,136 - 141.

[39] MITTAL S. Netcentric System of Systems Engineering with DEVS Unified Process [M]. Boca Raton:CRC Press Taylor & Francis Group,2013.

[40] 蓝羽石,毛少杰,王珩. 指挥信息系统结构理论与优化方法[M]. 长沙:国防工业出版社,2015.